高等职业教育教学用书

高等数学

（第二版）

GAODENG SHUXUE

主　编　胡静波　光　峰
副主编　许智勇　韩　蕾　胡宗海
　　　　王春勇　杨仁付

新形态
教材

高等教育出版社·北京

内容提要

本书是高等职业教育教学用书。

本书共分 7 章,主要内容包括函数的基础知识、极限与连续、导数与微分、导数的应用、不定积分、定积分、多元函数微分学。每个章节都配有典型例题详解、练习题和复习题。本书另配有教学课件 PPT、电子教案、试题库、习题答案等教学资源,其中复习题的答案以二维码的形式放在复习题旁边,以方便学生复习时使用。

本书可作为高等职业院校的数学教材,也可作为相关人员的自学参考书。

图书在版编目(CIP)数据

高等数学/胡静波,光峰主编.—2 版.—北京:
高等教育出版社,2021.8
ISBN 978 - 7 - 04 - 056497 - 6

Ⅰ.①高…　Ⅱ.①胡… ②光…　Ⅲ.①高等数学-高
等职业教育-教材　Ⅳ.①O13

中国版本图书馆 CIP 数据核字(2021)第 154168 号

策划编辑　万宝春	责任编辑　张尕琳	万宝春	封面设计　张文豪	责任印制　高忠富

出版发行	高等教育出版社	**网　　址**	http://www.hep.edu.cn
社　　址	北京市西城区德外大街 4 号		http://www.hep.com.cn
邮政编码	100120		http://www.hep.com.cn/shanghai
印　　刷	当纳利(上海)信息技术有限公司	**网上订购**	http://www.hepmall.com.cn
开　　本	787 mm×1092 mm　1/16		http://www.hepmall.com
印　　张	12.5		http://www.hepmall.cn
字　　数	266 千字	**版　　次**	2016 年 8 月第 1 版
			2021 年 8 月第 2 版
购书热线	010 - 58581118	**印　　次**	2021 年 8 月第 1 次印刷
咨询电话	400 - 810 - 0598	**定　　价**	29.00 元

本书如有缺页、倒页、脱页等质量问题,请到所购图书销售部门联系调换
版权所有　侵权必究
物 料 号　56497-00

配套学习资源及教学服务指南

🎯 二维码链接资源

本教材配套视频、文本、图片等学习资源，在书中以二维码链接形式呈现。手机扫描书中的二维码进行查看，随时随地获取学习内容，享受学习新体验。

打开书中附有二维码的页面　　　　扫描二维码　　　　查看相应资源

🎯 教师教学资源索取

本教材配有课程相关的教学资源，例如，教学课件、习题及参考答案等。选用教材的教师，可扫描下方二维码，关注微信公众号"高职智能制造教学研究"；或联系教学服务人员（021-56961310/56718921，800078148@b.qq.com）索取相关资源。

本书二维码资源列表

页码	类 型	资源名	页码	类 型	资源名
5	典型例题讲解	函数的有界性	75	数学家小传	拉格朗日
6	释疑解难	周期函数	75	动画	拉格朗日定理
8	典型例题讲解	反三角函数定义域求解	77	数学家小传	洛必达
13	释疑解难	初等函数1	77	释疑解难	洛必达法则
13	释疑解难	初等函数2	80	动画	函数单调性的几何分析
18	参考答案	复习题一	82	动画	函数的极值
21	动画	数列极限的定义	82	释疑解难	极值点的必要条件
21	动画	自变量趋于无穷大时函数极限的定义	83	动画	极值存在的充分条件
21	动画	自变量趋向有限值时函数极限的定义	87	动画	曲线的凹凸性
22	释疑解难	左、右极限	99	参考答案	复习题四
26	动画	重要极限Ⅰ的证明	101	动画	不定积分的几何意义
29	释疑解难	无穷小的性质	102	释疑解难	原函数与不定积分概念
30	释疑解难	无穷大量与无穷小量	109	释疑解难	分部积分法
32	释疑解难	等价无穷小代换	121	参考答案	复习题五
33	动画	函数的增量	127	图片	曲边梯形
33	释疑解难	函数连续性	127	动画	求曲边梯形面积
34	释疑解难	判定函数的间断点	129	图片	定积分的几何意义
35	动画	振荡间断点	130	动画	定积分的性质5(推论1)
36	释疑解难	初等函数的连续性	130	动画	定积分的性质7
36	动画	闭区间连续函数性质	132	数学家小传	牛顿
36	动画	介值定理	132	数学家小传	莱布尼茨
37	动画	零点存在定理	137	动画	直角坐标情形求面积
44	参考答案	复习题二	138	动画	定积分应用(例2)
47	动画	曲线的切线	138	动画	定积分应用(例3)
49	动画	导数的几何意义	138	动画	直角坐标下求旋转体体积
58	释疑解难	函数求导法则	150	参考答案	复习题六
60	动画	微分的几何意义	154	动画	二元函数的几何意义
72	参考答案	复习题三	155	动画	二元函数偏导数的几何意义
75	数学家小传	罗尔	170	参考答案	复习题七
75	动画	罗尔定理			

前　　言

当前,高职院校招生改革正如火如荼,自主招生成为学校招生的主要形式.为了适应这一变化,同时考虑职业教育的需求,本着"以应用为目的,理论知识以必需、够用为度"的原则,结合学生的实际水平,我们编写了这本数学教材,供高职院校学生使用.

本书淡化理论,突出实用,力求通俗易懂,深入浅出.在介绍基本理论和重要定理时,没有采用传统的严谨数学论证方法,而是注重以实例引入概念和定理,并最终回到数学应用的思想,加强学生对数学的应用意识和兴趣,培养学生用数学的原理和方法解决问题的能力.每个章节都配有典型例题详解、练习题和复习题.本书另配有教学课件PPT、电子教案、试题库、习题答案等教学资源,其中复习题的答案以二维码的形式放在复习题旁边,以方便学生复习时使用.

本书由胡静波、光峰担任主编,许智勇、韩蕾、胡宗海、王春勇、杨仁付担任副主编.

本书的编写得到了安徽财贸职业学院、合肥通用职业技术学院、安庆医药高等专科学校、湖南铁路科技职业技术学院和广西制造工程职业技术学院的大力支持,在此表示衷心感谢.在编写过程中编者广泛参考了国内外教材和书籍,借鉴和吸收了其他同行的研究成果,在此一并致谢!

由于编者水平有限,时间比较仓促,书中难免有错误和疏漏之处,恳请广大读者批评指正.

编　者
2021 年 3 月

目　　录

第 1 章

函数的基础知识

现实世界中存在着各种各样不停地变化着的量，它们之间相互依赖、相互联系.函数就是对各种变量之间相互依赖关系的一种抽象，是微积分研究的基本对象，也是高等数学中最重要的概念之一.本章将在中学数学已有函数知识的基础上进一步讲解函数概念，并介绍函数的四种特征、反函数、复合函数、初等函数等内容，为微积分的学习打下基础.

1.1 函 数 的 概 念

函数的概念在 17 世纪之前一直与公式紧密关联.到了 1837 年,德国数学家狄利克雷(1805—1859)抽象地总结出了至今仍为人们易于接受且较为合理的函数概念.

一、函数的定义

定义 1.1 设某一变化过程有两个变量 x 和 y,D 和 M 是给定的两个数集,如果对任一 $x \in D$,按照一定对应法则 f,在 M 中都有唯一确定的 y 与它相对应,则称 y 是 x 的**函数**,记作 $y = f(x)$,其中,x 称为**自变量**,y 称为**因变量**.

如果自变量 x 取某一数值 x_0 时,函数 y 有确定的值和它对应,就说函数在点 x_0 **有定义**.使函数有定义的数集 D 称为函数的**定义域**,可记作 $D(f)$ 或 $D(y)$.自变量取定义域内某一值时,因变量所对应的值叫做**函数值**,函数值的集合叫做函数的**值域**,它是由定义域和对应法则决定的.因此,定义域和对应法则是决定函数的两个重要因素.两个函数只有在它们的定义域和对应法则都相同时,才被认为是相同的.

例 1 求函数 $f(x) = \log_3 x^2$ 与 $g(x) = 2\log_3 x$ 的定义域,并说明它们是否表示同一个函数.

解 $f(x)$ 的定义域 $D(f) = (-\infty, 0) \bigcup (0, +\infty)$.

$g(x)$ 的定义域 $D(g) = (0, +\infty)$.

由于 $f(x)$ 与 $g(x)$ 的定义域不相同,所以它们不表示同一个函数.

给定一个函数,就意味着其定义域同时给定,如果讨论的函数来自实际问题,则其定义域必须符合实际意义,如不考虑函数的实际背景,则其定义域应使它在数学上有意义.

二、分段函数

表示函数的方法通常有公式法(解析法)、列表法和图像法三种.用公式法表示函数时,一般用一个表达式表示一个函数,但有时候需要用几个表达式分段表示一个函数,即对自变量不同的取值范围,函数采用不同的表达式,这种函数就是**分段函数**.下面举例说明.

例 2　作图并讨论绝对值函数

$$y = \sqrt{x^2} = |x| = \begin{cases} x, & x \geqslant 0, \\ -x, & x < 0 \end{cases}$$

的定义域.

解　函数的图像如图 1-1 所示.从图中可知,自变量 x 的取值范围为整个数轴 **R**,即 $\{x \mid x \geqslant 0\}$ 与 $\{x \mid x < 0\}$ 的并集,因此,其定义域 $D(y) = (-\infty, 0) \bigcup [0, +\infty) = (-\infty, +\infty)$.

从例 2 可知,**分段函数的定义域是各段自变量取值集合的并集**.

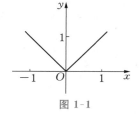

图 1-1

例 3　设 $f(x) = \begin{cases} x^2, & x \leqslant 0, \\ x+1, & x > 0, \end{cases}$ 求:

(1) $f(1)$, $f(0)$, $f\left(-\dfrac{1}{2}\right)$;

(2) $f(x)$ 的定义域;

(3) $f(x+1)$.

解　(1) $f(1) = 1 + 1 = 2$,

$\qquad f(0) = 0^2 = 0$,

$\qquad f\left(-\dfrac{1}{2}\right) = \left(-\dfrac{1}{2}\right)^2 = \dfrac{1}{4}$.

(2) $D(f) = (-\infty, 0] \bigcup (0, +\infty) = \mathbf{R}$.

(3) $f(x+1) = \begin{cases} (x+1)^2, & x+1 \leqslant 0, \\ x+1+1, & x+1 > 0 \end{cases}$

$\qquad\qquad = \begin{cases} x^2 + 2x + 1, & x \leqslant -1, \\ x + 2, & x > -1. \end{cases}$

例 4　求 $f(x) = \ln(x-1) + \sqrt{4-x}$ 的定义域.

解　对于 $f(x)$,当 $\begin{cases} x-1 > 0 \\ 4-x \geqslant 0 \end{cases}$ 时 $f(x)$ 有意义,即

$$1 < x \leqslant 4,$$

故函数 $f(x)$ 的定义域 $D(f) = (1, 4]$.

三、显函数与隐函数

我们学过的许多函数,例如 $y = \sqrt{2x+1}$,$y = x^2 - 1$ 等等,它们的因变量 y 都可以用

自变量 x 的一个明显的表达式来表示,函数的这种表达形式称为**显函数**.

　　用方程 $F(x,y)=0$ 的形式也可以确定 y 与 x 的函数关系.例如,方程 $x^2+y^2=1$ $(y>0)$ 确定了函数 $y=\sqrt{1-x^2}$;方程 $\lg x+2^y-\sin xy=0$ 也确定了一个函数 $y=f(x)$,但 y 难以表示成 x 的显函数形式.这种由方程 $F(x,y)=0$ 所确定的变量 y 与 x 之间的函数关系就称为**隐函数**.

1.2　函数的几种特性

一、有界性

定义 1.2　对于定义在区间 (a, b) 内的函数 $y = f(x)$，如果存在一个正数 M，使得对于 (a, b) 内的所有 x，都有

$$| f(x) | \leqslant M$$

成立，则称函数 $y = f(x)$ 在 (a, b) 内**有界**；如果不存在这样的 M，则称 $y = f(x)$ 在 (a, b) 内**无界**.

例如，对于任意 $x \in (-\infty, +\infty)$ 都有 $| \sin x | \leqslant 1$，故 $y = \sin x$ 在 $(-\infty, +\infty)$ 内有界；$y = \dfrac{1}{x}$ 在 $(0, 1)$ 内无界，而 $y = \dfrac{1}{x}$ 在 $(1, 2)$ 内是有界的.

二、奇偶性

定义 1.3　设函数 $y = f(x)$ 定义在以原点为中心的对称区间 I 内，如果对于任意 $x \in I$，都有

$$f(-x) = -f(x)$$

成立，则称 $y = f(x)$ 是**奇函数**；如果对于任意 $x \in I$，都有

$$f(-x) = f(x)$$

成立，则称 $y = f(x)$ 是**偶函数**.

奇函数的图像关于原点对称，偶函数的图像关于 y 轴对称.

例如，$y = x^3$，$y = \sin x$，$y = x \cos x$ 等为奇函数；$y = x^2$，$y = \cos x$，$y = \sqrt{1 - x^2}$ 为偶函数.

平时经常会遇到一些常见函数及其奇偶性判定，现归纳如下：

奇函数：$\sin x$，$\arcsin x$，$\tan x$，$\arctan x$，$\dfrac{1}{x}$，$x^{2n+1} (n \in \mathbf{N})$，$\cdots$

偶函数：$\cos x$，$| x |$，$x^{2n} (n \in \mathbf{N})$，$\mathrm{e}^{|x|}$，$\mathrm{e}^{x^2}$，$\cdots$

奇偶函数运算性质：

（1）奇函数的代数和是奇函数，偶函数的代数和是偶函数；

（2）奇数个奇函数的乘积是奇函数，偶数个奇函数的乘积是偶函数；

（3）偶函数的乘积是偶函数；

（4）奇函数与偶函数的乘积是奇函数.

例如，$y = x^2 + 1$ 是偶函数；$y = x - x^3$ 是奇函数；$y = |\sin x|$ 是偶函数；$y = \log_a(x + \sqrt{x^2 + 1})$ 是奇函数.

三、单调（增减）性

定义 1.4 设函数 $y = f(x)$ 定义在区间 (a, b) 内，如果对于 (a, b) 内的任意两点 $x_1 < x_2$，都有

$$f(x_1) \leqslant f(x_2) \; (\text{或} \; f(x_1) \geqslant f(x_2))$$

成立，则称 $y = f(x)$ 在 (a, b) 内是**单调增加（减少）**的.如果可以将等号去掉，则称为**严格单调增加（减少）**，这时称 (a, b) 为**单调增加（减少）区间**.

例如，正切函数 $y = \tan x$ 在 $\left(-\dfrac{\pi}{2}, \dfrac{\pi}{2}\right)$ 内是单调增加的，$\left(-\dfrac{\pi}{2}, \dfrac{\pi}{2}\right)$ 是 $y = \tan x$ 的单调增加区间；指数函数 $y = \left(\dfrac{1}{2}\right)^x$ 在 $(-\infty, +\infty)$ 内是单调减少的，$(-\infty, +\infty)$ 是 $y = \left(\dfrac{1}{2}\right)^x$ 的单调减少区间.

四、周期性

定义 1.5 设函数 $y = f(x)$，如果存在一个非零常数 T，对于其定义域内的所有 x，都有

$$f(x + T) = f(x)$$

成立，则称 $y = f(x)$ 是**周期函数**，T 称为该函数的**周期**.周期函数的周期不是唯一的，如果在所有的周期中存在一个最小的正周期 T，则 T 称为函数的最小正周期.通常，把周期函数的最小正周期简称为（基本）周期.

例如，正弦函数 $y = \sin x$ 和余弦函数 $y = \cos x$ 都是以 2π 为周期的周期函数，正切函数 $y = \tan x$ 和余切函数 $y = \cot x$ 都是以 π 为周期的周期函数.

1.3　反函数与基本初等函数

定义 1.6　设函数 $y=f(x)$ 的定义域是 D,值域是 M,如果对于任意一个 $y\in M$,都有唯一的 $x\in D$,使得

$$f(x)=y$$

成立,这时 x 也是 y 的函数,称它为 $y=f(x)$ 的**反函数**,记作 $x=f^{-1}(y)$,而称 $y=f(x)$ 为**直接函数**.

习惯上常用 x 表示自变量,用 y 表示因变量,因此,经常把反函数 $x=f^{-1}(y)$ 写成 $y=f^{-1}(x)$.

由定义 1.6 可知,反函数 $y=f^{-1}(x)$ 的定义域是直接函数的值域,而反函数的值域是直接函数的定义域.

如果将函数 $y=f(x)$ 与它的反函数 $y=f^{-1}(x)$ 的图像画在同一个坐标平面上,可以知道,这两个图像关于直线 $y=x$ 对称.

例 1　求下列函数的反函数.

(1) $y=3x+1$;　　　　　　　　　　(2) $y=2^{x-1}$.

解　(1) 由 $y=3x+1$,解得 $x=\dfrac{y-1}{3}$.

然后交换 x 和 y,得 $y=\dfrac{x-1}{3}$,即 $y=\dfrac{x-1}{3}$ 是 $y=3x+1$ 的反函数.

(2) 由 $y=2^{x-1}$,解得 $x=1+\log_2 y$.

然后交换 x 和 y,得 $y=1+\log_2 x$,即 $y=1+\log_2 x$ 是 $y=2^{x-1}$ 的反函数.

注意　并不是所有的函数都存在反函数.例如,函数 $y=x^2+1$,$x\in\mathbf{R}$ 就不存在反函数,因为 $x=\pm\sqrt{y-1}$ 对于 $y>1$ 的任一个值,对应的 x 值不唯一.因此,只有单调函数才存在反函数.

由于三角函数是周期函数,对于其值域内的每个 y 值,都有无穷多个 x 值与它对应,

因此,要建立它们的反函数——反三角函数,就必须限制在某一单调区间内,这个区间称为**主值区间**.

下面给出反三角函数的定义.

定义 1.7 正弦函数 $y = \sin x$ 在区间 $\left[-\dfrac{\pi}{2}, \dfrac{\pi}{2}\right]$ 上的反函数,称为**反正弦函数**.记作 $y = \arcsin x$.

余弦函数 $y = \cos x$ 在区间 $[0, \pi]$ 上的反函数,称为**反余弦函数**,记作 $y = \arccos x$.

正切函数 $y = \tan x$ 在区间 $\left(-\dfrac{\pi}{2}, \dfrac{\pi}{2}\right)$ 内的反函数,称为**反正切函数**,记作 $y = \arctan x$.

余切函数 $y = \cot x$ 在区间 $(0, \pi)$ 内的反函数,称为**反余切函数**,记作 $y = \operatorname{arccot} x$.

根据互为反函数的图像之间的对称关系,由四个三角函数的图像可得上述四个反三角函数的图像分别如图 1-2、图 1-3、图 1-4、图 1-5 所示.

典型例题讲解

反三角函数
定义域求解

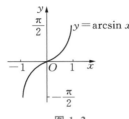

图 1-2

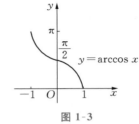

图 1-3

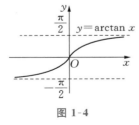

图 1-4

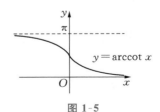

图 1-5

从上述图像可知,它们有以下性质(表 1-1):

表 1-1

	$y = \arcsin x$	$y = \arccos x$	$y = \arctan x$	$y = \operatorname{arccot} x$
定义域	$x \in [-1, 1]$	$x \in [-1, 1]$	$x \in (-\infty, +\infty)$	$x \in (-\infty, +\infty)$
值域 (主值区间)	$y \in \left[-\dfrac{\pi}{2}, \dfrac{\pi}{2}\right]$	$y \in [0, \pi]$	$y \in \left(-\dfrac{\pi}{2}, \dfrac{\pi}{2}\right)$	$y \in (0, \pi)$
有界性	有界	有界	有界	有界
单调性	单调增加	单调减少	单调增加	单调减少
奇偶性	奇函数,有 $\arcsin(-x) = -\arcsin x$	非奇非偶函数,有 $\arccos(-x) = \pi - \arccos x$	奇函数,有 $\arctan(-x) = -\arctan x$	非奇非偶函数,有 $\operatorname{arccot}(-x) = \pi - \operatorname{arccot} x$

例 2　求下列反三角函数的值.

(1) $\arcsin \dfrac{1}{2}$；

(2) $\arccos \dfrac{\sqrt{2}}{2}$；

(3) $\arctan\left(-\dfrac{\sqrt{3}}{3}\right)$；

(4) $\operatorname{arccot} 1$.

解　(1) 因为 $\sin\dfrac{\pi}{6}=\dfrac{1}{2}$ 且 $\dfrac{\pi}{6}\in\left[-\dfrac{\pi}{2},\dfrac{\pi}{2}\right]$，所以 $\arcsin\dfrac{1}{2}=\dfrac{\pi}{6}$.

(2) $\arccos\dfrac{\sqrt{2}}{2}=\dfrac{\pi}{4}$.

(3) $\arctan\left(-\dfrac{\sqrt{3}}{3}\right)=-\arctan\dfrac{\sqrt{3}}{3}=-\dfrac{\pi}{6}$.

(4) $\operatorname{arccot} 1=\dfrac{\pi}{4}$.

例 3　已知函数 $f(x)=4\arcsin\dfrac{x}{2}+\arctan(x+1)$，求：

(1) $f(-1)$；

(2) $f(x)$ 的定义域.

解　(1) $f(-1)=4\arcsin\left(\dfrac{-1}{2}\right)+\arctan(-1+1)$

$$=4\left(-\dfrac{\pi}{6}\right)+0=-\dfrac{2}{3}\pi.$$

(2) 由 $\begin{cases}-1\leqslant\dfrac{x}{2}\leqslant 1,\\ -\infty<x+1<+\infty,\end{cases}$ 得 $\begin{cases}-2\leqslant x\leqslant 2,\\ -\infty<x<+\infty.\end{cases}$

故 $f(x)$ 的定义域是 $[-2,2]$.

三、基本初等函数

定义 1.8　下面六类函数统称为**基本初等函数**：

1. 常数函数：$y=C$（C 是常数）；

2. 幂函数：$y=x^{\alpha}$（$\alpha\in\mathbf{R}$）；

3. 指数函数：$y=a^{x}$（$a>0$ 且 $a\neq 1$），当 $a=\mathrm{e}$（$\mathrm{e}\approx 2.718\cdots$）时，$y=\mathrm{e}^{x}$；

4. 对数函数：$y=\log_{a}x$（$a>0$ 且 $a\neq 1$），当 $a=\mathrm{e}$ 时，$y=\log_{\mathrm{e}}x$ 简记作 $y=\ln x$，称为**自然对数函数**；

5. 三角函数：正弦函数 $y=\sin x$，余弦函数 $y=\cos x$，正切函数 $y=\tan x$，余切函数 $y=\cot x$，正割函数 $y=\sec x$，余割函数 $y=\csc x$；

6. 反三角函数：反正弦函数 $y = \arcsin x$，反余弦函数 $y = \arccos x$，反正切函数 $y = \arctan x$，反余切函数 $y = \operatorname{arccot} x$.

反三角函数的图像和性质前面已作过简要介绍，这里仅就其他五类基本初等函数的图像和性质列表作简要概述（表 1-2）.

表 1-2

名称	解析式	图　像	简 单 性 质
常数函数	$y = C$		垂直于 y 轴的直线
幂函数	$y = x^a (a \in \mathbf{R})$		过点 $(1,1)$，单调增加函数
			过点 $(1,1)$，单调减少函数，以 x 轴、y 轴为渐近线
指数函数	$y = a^x$ $(a > 0, a \neq 1)$		$-\infty < x < +\infty$，$0 < a^x < +\infty$，过点 $(0,1)$，单调增加函数
			$-\infty < x < +\infty$，$0 < a^x < +\infty$，过点 $(0,1)$，单调减少函数
对数函数	$y = \log_a x$ $(a > 0, a \neq 1)$		$0 < x < +\infty$，过点 $(1,0)$，单调增加函数

名称	解析式	图　像	简　单　性　质
对数函数	$y = \log_a x$ $(a > 0,\ a \neq 1)$	$0 < a < 1$ 的图像，过点 $(1,0)$	$0 < x < +\infty$，过点 $(1,0)$，单调减少函数
三角函数	$y = \sin x$	正弦函数图像	$-\infty < x < +\infty$，$-1 \leqslant \sin x \leqslant 1$，奇函数，有 $\sin(-x) = -\sin x$，以 2π 为周期
	$y = \cos x$	余弦函数图像	$-\infty < x < +\infty$，$-1 \leqslant \cos x \leqslant 1$，偶函数，有 $\cos(-x) = \cos x$，以 2π 为周期
	$y = \tan x$	正切函数图像	$x \neq k\pi + \dfrac{\pi}{2}$（$k$ 为整数），$-\infty < \tan x < +\infty$，奇函数，有 $\tan(-x) = -\tan x$，以 π 为周期
	$y = \cot x$	余切函数图像	$x \neq k\pi$（k 为整数），$-\infty < \cot x < +\infty$，奇函数，有 $\cot(-x) = -\cot x$，以 π 为周期
	$y = \sec x$	正割函数图像	$x \neq k\pi + \dfrac{\pi}{2}$（$k$ 为整数），$\sec x \geqslant 1$ 或 $\sec x \leqslant -1$，偶函数，有 $\sec(-x) = \sec x$，以 2π 为周期
	$y = \csc x$	余割函数图像	$x \neq k\pi$（k 为整数），$\csc x \geqslant 1$ 或 $\csc x \leqslant -1$，奇函数，有 $\csc(-x) = -\csc x$，以 2π 为周期

1.4　复合函数与初等函数

一、复合函数

在实际问题中常见的函数并非都是基本初等函数.在工程技术和经济活动中,有些函数关系比较复杂.

例如,某商店经营一种商品,若不考虑其他因素,那么利润 L 是营业额 Q 的函数,而营业额 Q 又是价格 P 的函数,因此对于在确定范围内的每一个价格 P,通过营业额 Q 都有唯一确定的利润 L 与之对应,这样,就可以把 L 看成 P 的函数.

一般地,有如下定义.

定义 1.9　如果 y 是 u 的函数: $y=f(u)$,而 u 又是 x 的函数: $u=\varphi(x)$,且与 x 对应的 u 的值能使 y 有定义,则称 y 通过 u 是 x 的**复合函数**,记作 $y=f[\varphi(x)]$,其中,u 称为**中间变量**.

利用复合函数的概念,可以将一个较复杂的函数分解成若干个简单函数,分解得到的简单函数一般都是基本初等函数,或由基本初等函数经过有限次四则运算而成的函数.

例 1　指出下列函数是由哪几个简单函数复合而成的.

(1) $y=\sqrt{1-x^2}$；　　　　　　　　　　(2) $y=\ln\tan x^2$.

解　(1) 设 $u=1-x^2$,则 $y=\sqrt{1-x^2}$ 是由 $y=\sqrt{u}$ 和 $u=1-x^2$ 两个简单函数复合而成的.

(2) 设 $v=x^2$、$u=\tan v$,则 $y=\ln\tan x^2$ 是由 $y=\ln u$、$u=\tan v$、$v=x^2$ 三个简单函数复合而成的.

例 2　试求函数 $y=u^2$、$u=\cos x$ 复合而成的复合函数.

解　将 $u=\cos x$ 代入 $y=u^2$ 得复合函数 $y=\cos^2 x$,$x\in(-\infty,+\infty)$.

注意　并不是任意几个函数都可以组成复合函数的,例如,由 $y=\ln u$ 和 $u=-x^2$ 就不能构成复合函数.

二、初等函数

定义 1.10　由基本初等函数经过有限次四则运算或有限次复合所得到的、并能用一个式子表示的函数叫做**初等函数**,例如,$y=\sqrt{1-x^2}$、$y=\ln(1+x^2)$ 等都是初等函数,而 $f(x)=1+x+x^2+\cdots+x^n+\cdots$ 及 $\varphi(x)=\begin{cases}1-x, & -1\leqslant x<1,\\ x^2-2, & 1\leqslant x<2\end{cases}$ 就不是初等函数.

释疑解难

初等函数 1

释疑解难

初等函数 2

1.5　典型例题详解

例1　求 $f(x)=\sqrt{5-x^2}+\ln(2x-1)$ 的定义域.

解　对于 $f(x)$,当 $\begin{cases} 5-x^2\geqslant 0, \\ 2x-1>0 \end{cases}$ 时 $f(x)$ 有意义,即 $\dfrac{1}{2}<x\leqslant\sqrt{5}$,所以函数的定义域是 $\left(\dfrac{1}{2},\sqrt{5}\right]$.

例2　有分段函数 $f(x)=\begin{cases} \dfrac{1}{2}x, & 0\leqslant x<1, \\ x, & 1\leqslant x<2, \\ x^2-6x+\dfrac{19}{2}, & 2\leqslant x\leqslant 4, \end{cases}$ 求解:

(1) $f\left(\dfrac{1}{2}\right)$;(2) $f(1)$;(3) $f(3)$;(4) $f(4)$.

解　(1) $f\left(\dfrac{1}{2}\right)=\dfrac{1}{2}\times\dfrac{1}{2}=\dfrac{1}{4}$.

(2) $f(1)=1$.

(3) $f(3)=3^2-6\times 3+\dfrac{19}{2}=\dfrac{1}{2}$.

(4) $f(4)=4^2-6\times 4+\dfrac{19}{2}=\dfrac{3}{2}$.

例3　求 $y=\sqrt[3]{x+1}$ 的反函数.

解　由 $y=\sqrt[3]{x+1}$ 解得 $x=y^3-1$,交换 x、y 得 $y=x^3-1$,此函数为原函数 $y=\sqrt[3]{x+1}$ 的反函数.

例4　判断 $f(x)=x^3+\tan x$ 的奇偶性.

解　$f(-x)=(-x)^3+\tan(-x)$

$\qquad\qquad =-x^3-\tan x$

$\qquad\qquad =-(x^3+\tan x)$

$\qquad\qquad =-f(x).$

由奇偶性定义可知 $f(x)$ 为奇函数.

例 5 判断 $f(x)=2\sin\left(3x+\dfrac{\pi}{4}\right)$ 的周期.

解 由于 $\sin x$ 周期为 2π,所以 $f\left(x+\dfrac{2}{3}\pi\right)=2\sin\left[3\left(x+\dfrac{2}{3}\pi\right)+\dfrac{\pi}{4}\right]=2\sin\left(3x+\dfrac{\pi}{4}+2\pi\right)=f(x)$.

因此 $\dfrac{2}{3}\pi$ 是 $f(x)$ 的周期.

例 6 讨论下列函数的复合过程.

(1) $y=\sin 5x$;   (2) $y=\mathrm{e}^{\sqrt{x^2+1}}$;   (3) $y=3^{\frac{1}{x}}$;   (4) $y=\ln\cos\sqrt[3]{x}$.

解 (1) $y=\sin 5x$ 可认为是由 $y=\sin u$,$u=5x$ 两个函数复合而成的.

(2) $y=\mathrm{e}^{\sqrt{x^2+1}}$ 可看成是由 $y=\mathrm{e}^u$,$u=\sqrt{v}$,$v=x^2+1$ 三个函数复合而成的.

(3) $y=3^{\frac{1}{x}}$ 可认为是由 $y=3^u$,$u=\dfrac{1}{x}$ 两个函数复合而成的.

(4) $y=\ln\cos\sqrt[3]{x}$ 可认为是由 $y=\ln u$,$u=\cos v$,$v=\sqrt[3]{x}$ 三个函数复合而成的.

例 7 已知 $f\left(x+\dfrac{1}{x}\right)=x^2+\dfrac{1}{x^2}$,求函数 $f(x)$ 的解析式.

解 因为 $x^2+\dfrac{1}{x^2}=\left(x+\dfrac{1}{x}\right)^2-2$,所以 $f\left(x+\dfrac{1}{x}\right)=\left(x+\dfrac{1}{x}\right)^2-2$,即 $f(x)=x^2-2$.

又 $x>0$ 时,$x+\dfrac{1}{x}\geqslant 2$,$x<0$ 时,$(-x)+\dfrac{1}{(-x)}\geqslant 2$.即 $x+\dfrac{1}{x}\leqslant-2$,

所以函数的定义域为 $D=\{x\,|\,x\geqslant 2 \text{ 或 } x\leqslant-2\}$.

练 习 题 一

1. 下列函数哪些是奇函数,哪些是偶函数?

(1) $\dfrac{\sin x}{x}$;

(2) $\sin x^2$;

(3) $x^2 \cos x$;

(4) $x + \sin^2 x$.

2. 求下列函数的定义域.

(1) $y = \sqrt{\lg(x-2)}$;

(2) $y = \sqrt{5-x^2} + \ln(2x-1)$.

3. 下列函数是否相同,为什么?

(1) $y = x+1$ 与 $y = \dfrac{x^2-1}{x-1}$;

(2) $y = \sin x$ 与 $y = \sqrt{1-\cos^2 x}$;

(3) $y = \sqrt{\dfrac{x-2}{x-3}}$ 与 $y = \dfrac{\sqrt{x-2}}{\sqrt{x-3}}$;

(4) $y = \ln x^3$ 与 $y = 3\ln x$.

4. 下列函数中哪些是周期函数,并指出周期.

(1) $y = \tan 42$;

(2) $y = \cos \pi x$;

(3) $y = x \sin x$.

5. 求下列函数的反函数.

(1) $y = 2x - 1$;

(2) $y = 1 - x^2 (x > 0)$;

(3) $y = e^{x-3}$;

(4) $y = 1 + \ln(x+2)$.

6. 填空求反三角函数值.

(1) $\arccos \dfrac{\sqrt{3}}{2} = $ _____ ;

（2）$\arcsin\left(-\dfrac{\sqrt{2}}{2}\right) =$ _____ ；

（3）$\arctan(-\sqrt{3}) =$ _____ ；

（4）$\arcsin\dfrac{1}{2} + \mathrm{arccot}(-1) =$ _____ .

7. 分解下列复合函数.

（1）$y = \arctan[\lg(x+1)]$；

（2）$y = 2^{\cos(x^2+3)}$；

（3）$y = \sqrt{\ln\sqrt{x}}$；

（4）$y = \sin^2(2x+5)$.

复 习 题 一

1. 设 $f(x)=\sqrt{9+x^2}$，求 $f(0)$，$f(-1)$，$f\left(\dfrac{1}{a}\right)$，$f(x_0)$，$f(x_0+h)$.

2. 求 $y=\dfrac{1}{\lg|x-1|}+\sqrt{x-1}$ 的定义域.

3. 判断下列各对函数是否相同.

(1) $y=\ln x^5$ 与 $y=5\ln x$；

(2) $y=\ln x^4$ 与 $y=4\ln x$；

(3) $y=x$ 与 $y=(\sqrt{x})^2$；

(4) $y=1$ 与 $y=\sin^2 x+\cos^2 x$.

4. 讨论下列函数的奇偶性.

(1) $y=\ln(\sqrt{x^2+1}+x)$；

(2) $y=\dfrac{a^x-1}{a^x+1}$；

(3) $y=\dfrac{1}{4}(10^x+10^{-x})$；

(4) $y=2x\arcsin x$.

5. 讨论函数 $y=x(x^2-1)$ 在 $[0,1]$ 上的单调性.

6. 下列哪些是周期函数,周期是多少?

(1) $\tan(2x-1)$；

(2) $|\sin 3x|$；

(3) $\lg(\cos x+2)$.

7. 设 $f(x)=\begin{cases}0, & -2\leqslant x<2, \\ (x-2)^2, & 2\leqslant x\leqslant 4,\end{cases}$ 求 $f(x)$ 的定义域.

8. 在下列各题中,将 y 表示为 x 的函数.

(1) $y=u^2$，$u=\lg t$，$t=\dfrac{x}{3}$；

(2) $y=\sqrt{u}$，$u=\cos t$，$t=5^x$.

9. 分解下列函数.

(1) $y=3\arctan[\lg(x+3)]$；

(2) $y=3^{\cos(x^2-2)}$.

第 2 章
极限与连续

    极限是研究微积分的基础和重要工具,高等数学中的许多基本概念,例如连续、导数、定积分、无穷级数等都是通过极限来定义的.连续函数是微积分学的主要研究对象.为此,本章将对函数的极限与连续进行较系统、深入的阐述,为学习函数的微积分做好准备. 需要说明的是,下面仅就 $x \to x_0$ 的情形讨论函数的极限及其性质,$x \to \infty$ 时的情形与之类似,不再重述.

2.1　极限的概念与性质

一、数列极限

1. 数列

定义 2.1　按照某种规律,以正整数 1,2,3,… 编号依次排列的一系列数 x_1,x_2,x_3,…,x_n,… 称为**数列**,记为 $\{x_n\}$.其中的每一个数称为**数列的项**,x_n 称为**通项**.

如下面按一定顺序排列的两列数:

(1) 1,4,9,16,…,n^2,…;

(2) 2,$\dfrac{3}{2}$,$\dfrac{4}{3}$,$\dfrac{5}{4}$,…,$\dfrac{n+1}{n}$,….

它们都是数列,分别记作 $\{n^2\}$,$\left\{\dfrac{n+1}{n}\right\}$.

随着 n 的无限增大,数列的项也随之发生无限的变化.有的时候,当 n 无限增大时,x_n 可能无限地接近于一个常数 A,如数列 $\left\{\dfrac{n+1}{n}\right\}$,当 n 无限增大时,x_n 就无限地接近于 1.

例 1　若将一根长为一尺的木棒,每天截去一半,则这样的过程可以无限制地进行下去.此即我国古代有关数列的例子.早在战国时代哲学家庄周的《庄子·天下篇》中就有"一尺之棰,日取其半,万世不竭"的记载.

如果将每天剩下部分的长度(单位为尺)记录,则

第一天剩下 $\dfrac{1}{2}$,第二天剩下 $\dfrac{1}{2^2}$,第三天剩下 $\dfrac{1}{2^3}$,…,第 n 天剩下 $\dfrac{1}{2^n}$,…

这样就得到一个数列

$\dfrac{1}{2}$,$\dfrac{1}{2^2}$,$\dfrac{1}{2^3}$,…,$\dfrac{1}{2^n}$,…,即数列 $\left\{\dfrac{1}{2^n}\right\}$.

数列 $\left\{\dfrac{1}{2^n}\right\}$ 的通项随着 n 的无限增大而无限地接近于 0,也即无限收敛于 0.

2. 数列极限

定义 2.2　对于数列 $\{x_n\}$,若当自然数 n 无限增大时,x_n 能无限地趋近于一个确定的常数 A,则称数列 $\{x_n\}$ 为**收敛数列**,A 称为它的**极限**,记为

$$\lim_{n \to \infty} x_n = A \text{ 或 } x_n \to A(n \to \infty).$$

若数列 $\{x_n\}$ 的极限不存在,则称数列 $\{x_n\}$ **发散**.

如数列 $\left\{\dfrac{n+1}{n}\right\}$, $\left\{\dfrac{1}{n}\right\}$, $\left\{\dfrac{1}{2^n}\right\}$ 是收敛数列;数列 $\{n\}$, $\{n^2\}$ 是发散数列.

注:(1) 收敛数列的极限是唯一的.

(2) 若数列 $\{x_n\}$ 单调有界,则数列 $\{x_n\}$ 必收敛.

数列极限
的定义

二、函数的极限

对于函数的极限,根据自变量的不同变化过程分两种情况介绍.

1. 当 $x \to \infty$ 时,函数 $y = f(x)$ 的极限

考察函数 $f(x) = \dfrac{1}{x}$,从图 2-1 中可以看出,当自变量 x 取

正值且无限增大时(记作 $x \to +\infty$),函数 $f(x) = \dfrac{1}{x}$ 无限趋近于

常数 0,此时称 0 为 $f(x) = \dfrac{1}{x}$ 当 $x \to +\infty$ 时的极限.

同样,从图 2-1 中还可以看出,当自变量 x 取负值且其绝对

值无限增大(记作 $x \to -\infty$)时,函数 $f(x) = \dfrac{1}{x}$ 也无限趋近于常

数 0,此时,称 0 为 $f(x) = \dfrac{1}{x}$ 当 $x \to -\infty$ 时的极限.

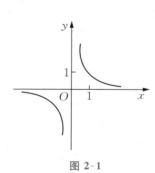

图 2-1

自变量趋于
无穷大时
函数极限
的定义

定义 2.3 对于函数 $y = f(x)$,如果当自变量 x 的绝对值无限增大时,函数 $f(x)$ 无限趋近于一个确定的常数 A,则称常数 A 为函数 $f(x)$ 当 $x \to \infty$ 时的极限,记为

$$\lim_{x \to \infty} f(x) = A \text{ 或 } f(x) \to A(x \to \infty).$$

注:(1) $x \to -\infty$,表示自变量 x 无限地趋近于负的无穷大;$x \to +\infty$,表示自变量 x 无限地趋近于正的无穷大;$x \to \infty$ 表示自变量 x 的绝对值无限增大.

(2) 对于常数函数,无论 x 是趋于一个常数还是 ∞,其极限均为其本身,即 $\lim C = C$(C 为常数).

2. $x \to x_0$ 时,函数 $y = f(x)$ 的极限

观察函数 $y = 2^x$,从图 2-2 可看出,当 x 从 1 的左、右两侧无限趋近于 1 时,曲线 $y = 2^x$ 上的点 M 与 M' 都无限趋近于点 $N(1, 2)$,即函数 $y = 2^x$ 的值无限接近于常数 2,所以 $\lim_{x \to 1} 2^x = 2$.

定义 2.4 对于函数 $y = f(x)$,如果当自变量 x 从左、右两

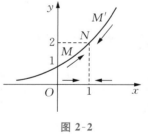

图 2-2

自变量趋向
有限值时
函数极限
的定义

侧无限趋近于 x_0 时,函数 $f(x)$ 无限趋近于一个确定的常数 A,就称函数在 x_0 处的极限为 A,记为

$$\lim_{x \to x_0} f(x) = A \text{ 或 } f(x) \to A (x \to x_0).$$

注:当 $x \to x_0$ 时并不要求函数 $f(x)$ 在点 x_0 处有定义.

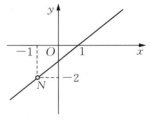

图 2-3

例 2   观察当 $x \to -1$ 时,函数 $y = \dfrac{x^2-1}{x+1}$(图 2-3)的变化趋势,并求 $x \to -1$ 时的极限.

解   从函数 $y = \dfrac{x^2-1}{x+1} = x-1(x \neq -1)$ 的图形可知,当 x 从左、右两侧同时无限趋近于 -1 时,函数 $y = \dfrac{x^2-1}{x+1} = x-1(x \neq -1)$ 的值无限趋近于 -2,故 $\lim\limits_{x \to -1} \dfrac{x^2-1}{x+1} = \lim\limits_{x \to -1}(x-1) = -2$.

在函数极限的定义中,x 以任意方式趋近于 x_0,但有时只能或只需要讨论 x 从 x_0 的左侧(即从小于 x_0 的方向)无限趋近于 x_0(记为 $x \to x_0^-$),或从 x_0 的右侧(即从大于 x_0 的方向)无限趋近于 x_0(记为 $x \to x_0^+$).这样就有必要引进左(右)极限的定义.

定义 2.5   当自变量 $x \to x_0^- (x \to x_0^+)$ 时,函数 $f(x)$ 无限趋近于一个确定的常数 A,则称常数 A 为 $x \to x_0$ 时的左(右)极限,记为

$$\lim_{x \to x_0^-} f(x) = A \left(\lim_{x \to x_0^+} f(x) = A \right).$$

释疑解难

左、右极限

显然,函数的极限与左、右极限之间有以下结论:

定理 2.1 $\lim\limits_{x \to x_0} f(x) = A$ 的**充分必要条件**是

$$\lim_{x \to x_0^-} f(x) = \lim_{x \to x_0^+} f(x) = A.$$

即左、右极限**存在并相等**.

注:该定理常用于判别函数的极限是否存在.若左、右极限有一个不存在或两个都存在但不相等,则当 $x \to x_0$ 时极限不存在.

例 3   设 $f(x) = \begin{cases} 1, & x \geqslant 0, \\ 2x+1, & x < 0 \end{cases}$(图 2-4),求 $\lim\limits_{x \to 0} f(x)$.

解 $\lim\limits_{x \to 0^+} f(x) = \lim\limits_{x \to 0^+} 1 = 1,$

$\lim\limits_{x \to 0^-} f(x) = \lim\limits_{x \to 0^-}(2x+1) = 1.$

因为 $\lim\limits_{x \to 0^+} f(x) = \lim\limits_{x \to 0^-} f(x) = 1$,所以 $\lim\limits_{x \to 0} f(x) = 1$.

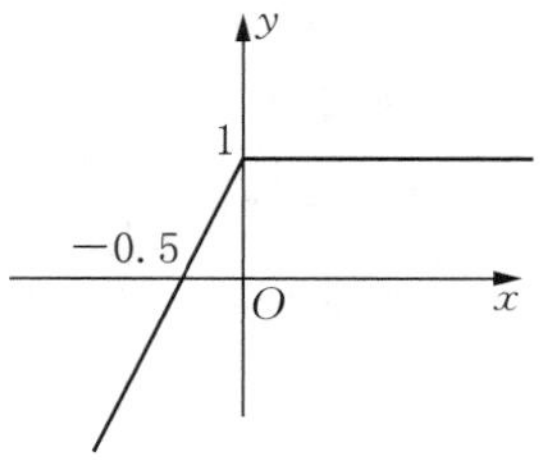

图 2-4

例 4 设 $f(x) = \text{sgn}(x) = \begin{cases} 1, & x > 0, \\ 0, & x = 0, \\ -1, & x < 0, \end{cases}$ 求当 $x \to 0$ 时的极限.

解 $\lim\limits_{x \to 0^+} \text{sgn}(x) = \lim\limits_{x \to 0^+} 1 = 1,$

$\lim\limits_{x \to 0^-} \text{sgn}(x) = \lim\limits_{x \to 0^-} (-1) = -1.$

因为 $\lim\limits_{x \to 0^+} f(x) \neq \lim\limits_{x \to 0^-} f(x)$, 所以 $\lim\limits_{x \to 0} \text{sgn}(x)$ 不存在.

注: $\text{sgn}(x)$ 称为符号函数, 其定义域为 $(-\infty, +\infty)$, 值域为 $\{-1, 0, 1\}$, 它的图像如图 2-5 所示.

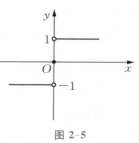

图 2-5

三、极限的性质

性质 2.1(唯一性)　若 $\lim\limits_{x \to x_0} f(x) = A$, $\lim\limits_{x \to x_0} f(x) = B$, 则 $A = B$.

性质 2.2(局部有界性)　若 $\lim\limits_{x \to x_0} f(x) = A$, 则函数 $f(x)$ 在 x_0 附近有界.

性质 2.3(局部保号性)　若 $\lim\limits_{x \to x_0} f(x) = A$, 且 $A > 0$(或 $A < 0$), 则在 x_0 附近有 $f(x) > 0$(或 $f(x) < 0$).

以上性质的证明从略.

2.2　极限的四则运算法则

定理 2.2　设 $\lim\limits_{x \to x_0} f(x) = A$，$\lim\limits_{x \to x_0} g(x) = B$，则

(1) $\lim\limits_{x \to x_0} [f(x) \pm g(x)] = \lim\limits_{x \to x_0} f(x) \pm \lim\limits_{x \to x_0} g(x) = A \pm B$；

(2) $\lim\limits_{x \to x_0} [f(x) \cdot g(x)] = \lim\limits_{x \to x_0} f(x) \cdot \lim\limits_{x \to x_0} g(x) = A \cdot B$；

(3) $\lim\limits_{x \to x_0} \dfrac{f(x)}{g(x)} = \dfrac{\lim\limits_{x \to x_0} f(x)}{\lim\limits_{x \to x_0} g(x)} = \dfrac{A}{B} \ (B \neq 0)$.

推论 1　常数可以提到极限号前面，即 $\lim\limits_{x \to x_0} Cf(x) = C \lim\limits_{x \to x_0} f(x)$（$C$ 为常数）.

推论 2　$\lim\limits_{x \to x_0} [f(x)]^n = [\lim\limits_{x \to x_0} f(x)]^n$（$n$ 为正整数）.

例 1　求极限 $\lim\limits_{x \to 2} (3x^2 - x + 6)$.

解　$\lim\limits_{x \to 2} (3x^2 - x + 6) = \lim\limits_{x \to 2} 3x^2 - \lim\limits_{x \to 2} x + \lim\limits_{x \to 2} 6 = 3 \times 2^2 - 2 + 6 = 16$.

例 2　求极限 $\lim\limits_{x \to 2} \dfrac{x^3 - 2x + 5}{x^2 + x + 3}$.

分析　因为当 $x \to 2$ 时，分母的极限不为零，故可以直接用商的极限法则.

解　$\lim\limits_{x \to 2} \dfrac{x^3 - 2x + 5}{x^2 + x + 3} = \dfrac{\lim\limits_{x \to 2}(x^3 - 2x + 5)}{\lim\limits_{x \to 2}(x^2 + x + 3)} = \dfrac{9}{9} = 1$.

例 3　求极限 $\lim\limits_{x \to 1} \dfrac{x - 1}{x^2 - 1}$.

分析　因为当 $x \to 1$ 时，分母的极限为零，故不能直接用商的极限法则.可先对分母因式分解，化简后再求极限.

解　$\lim\limits_{x \to 1} \dfrac{x - 1}{x^2 - 1} = \lim\limits_{x \to 1} \dfrac{x - 1}{(x - 1)(x + 1)} = \lim\limits_{x \to 1} \dfrac{1}{x + 1} = \dfrac{1}{2}$.

例 4　求极限 $\lim\limits_{x \to 2} \left(\dfrac{1}{x - 2} - \dfrac{12}{x^3 - 8} \right)$.

分析　因为当 $x \to 2$ 时，括号中两项极限均不存在，故不能直接用和差的极限法则.可先通分再求极限.

解 $\lim\limits_{x \to 2}\left(\dfrac{1}{x-2}-\dfrac{12}{x^3-8}\right)=\lim\limits_{x \to 2}\dfrac{x^2+2x-8}{x^3-8}=\lim\limits_{x \to 2}\dfrac{x+4}{x^2+2x+4}=\dfrac{1}{2}.$

例 5 求极限 $\lim\limits_{x \to 0}\dfrac{\sqrt{x+1}-1}{x}.$

分析 因为当 $x \to 0$ 时,分母极限为零,故不能直接用商的极限法则. 这时可先将分子有理化再求极限.

解 $\lim\limits_{x \to 0}\dfrac{\sqrt{x+1}-1}{x}=\lim\limits_{x \to 0}\dfrac{(\sqrt{x+1}-1)(\sqrt{x+1}+1)}{x(\sqrt{x+1}+1)}=\lim\limits_{x \to 0}\dfrac{1}{\sqrt{x+1}+1}=\dfrac{1}{2}.$

类似的,可以先创造出一个分式,再将分子有理化后求极限.

例 6 求极限 $\lim\limits_{x \to +\infty}(\sqrt{x^2+x}-x).$

解 $\lim\limits_{x \to +\infty}(\sqrt{x^2+x}-x)=\lim\limits_{x \to +\infty}\dfrac{\sqrt{x^2+x}-x}{1}=\lim\limits_{x \to +\infty}\dfrac{(\sqrt{x^2+x}-x)(\sqrt{x^2+x}+x)}{\sqrt{x^2+x}+x}$

$\qquad\qquad =\lim\limits_{x \to +\infty}\dfrac{x}{\sqrt{x^2+x}+x}=\lim\limits_{x \to +\infty}\dfrac{1}{\sqrt{1+\dfrac{1}{x}}+1}=\dfrac{1}{2}.$

例 7 设 $a_n \neq 0$, $b_m \neq 0$, m, n 为自然数,则

$$\lim\limits_{x \to \infty}\dfrac{a_n x^n+a_{n-1}x^{n-1}+\cdots+a_0}{b_m x^m+b_{m-1}x^{m-1}+\cdots+b_0}=\begin{cases}\dfrac{a_n}{b_m}, & n=m, \\[2mm] 0, & n<m, \\[2mm] \infty, & n>m.\end{cases}$$

例 8 求极限 $\lim\limits_{x \to \infty}\dfrac{3x^3-4x^2+2}{7x^3+5x^2+3}.$

解 $\lim\limits_{x \to \infty}\dfrac{3x^3-4x^2+2}{7x^3+5x^2+3}=\dfrac{3}{7}.$

例 9 求极限 $\lim\limits_{x \to \infty}\dfrac{x^2-2x-1}{2x^3-5x+1}.$

解 $\lim\limits_{x \to \infty}\dfrac{x^2-2x-1}{2x^3-5x+1}=0.$

例 10 求极限 $\lim\limits_{x \to \infty}\dfrac{x^5+2x^2-1}{3x^3-4x^2+1}.$

解 $\lim\limits_{x \to \infty}\dfrac{x^5+2x^2-1}{3x^3-4x^2+1}=\infty.$

2.3　两个重要极限

一、极限 $\lim\limits_{x \to 0} \dfrac{\sin x}{x} = 1$

我们列表考察当 $x \to 0$ 时，$\dfrac{\sin x}{x}$ 的变化趋势(表 2-1).

表 2-1

x	± 1	± 0.5	± 0.1	± 0.01	± 0.001	$\cdots \to 0$
$\dfrac{\sin x}{x}$	0.841 470 9	0.958 851 1	0.998 334 2	0.999 983 3	0.999 999 8	$\cdots \to 1$

从表 2-1 可以看出，当 $x \to 0$ 时，$\dfrac{\sin x}{x}$ 的值无限趋近于 1，所以

$$\lim_{x \to 0} \frac{\sin x}{x} = 1.$$

例 1　求极限 $\lim\limits_{x \to 0} \dfrac{\sin 2x}{x}$.

解　$\lim\limits_{x \to 0} \dfrac{\sin 2x}{x} = \lim\limits_{x \to 0} \dfrac{2\sin 2x}{2x} = 2\lim\limits_{x \to 0} \dfrac{\sin 2x}{2x} = 2.$

例 2　求极限 $\lim\limits_{x \to 0} \dfrac{\tan x}{x}$.

解　$\lim\limits_{x \to 0} \dfrac{\tan x}{x} = \lim\limits_{x \to 0} \left(\dfrac{\sin x}{x} \cdot \dfrac{1}{\cos x} \right) = \lim\limits_{x \to 0} \dfrac{\sin x}{x} \cdot \lim\limits_{x \to 0} \dfrac{1}{\cos x} = 1 \times 1 = 1.$

例 3　求极限 $\lim\limits_{x \to 0} \dfrac{\sin 5x}{\tan 7x}$.

解　$\lim\limits_{x \to 0} \dfrac{\sin 5x}{\tan 7x} = \lim\limits_{x \to 0} \left(\dfrac{\sin 5x}{5x} \cdot \dfrac{7x}{\tan 7x} \cdot \dfrac{5}{7} \right)$

$\qquad\qquad = \dfrac{5}{7}.$

例 4 求极限 $\lim\limits_{x\to 0}\dfrac{1-\cos x}{x^2}$.

解 $\lim\limits_{x\to 0}\dfrac{1-\cos x}{x^2}=\lim\limits_{x\to 0}\dfrac{2\sin^2\left(\dfrac{x}{2}\right)}{x^2}=\dfrac{1}{2}\cdot\lim\limits_{x\to 0}\left(\dfrac{\sin\dfrac{x}{2}}{\dfrac{x}{2}}\right)^2=\dfrac{1}{2}.$

二、极限 $\lim\limits_{x\to\infty}\left(1+\dfrac{1}{x}\right)^x=\mathrm{e}$

下面列表考察当 $x\to\infty$ 时, 函数 $\left(1+\dfrac{1}{x}\right)^x$ 的变化趋势(表 2-2、表 2-3).

表 2-2

x	10	100	1 000	10 000	100 000	1 000 000	$\cdots\to+\infty$
$\left(1+\dfrac{1}{x}\right)^x$	2.593 74	2.704 81	2.716 92	2.718 15	2.718 27	2.718 28	$\cdots\to\mathrm{e}$

表 2-3

x	-10	-100	$-1\ 000$	$-10\ 000$	$-100\ 000$	$-1\ 000\ 000$	$\cdots\to-\infty$
$\left(1+\dfrac{1}{x}\right)^x$	2.867 97	2.731 99	2.719 64	2.718 42	2.718 30	2.718 28	$\cdots\to\mathrm{e}$

从表 2-2、表 2-3 可以看出, 当 $x\to+\infty$ 或 $x\to-\infty$ 时, $\left(1+\dfrac{1}{x}\right)^x$ 的值都无限趋近于一个确定的常数, 它是一个无理数, 记作 e.所以

$$\lim_{x\to\infty}\left(1+\frac{1}{x}\right)^x=\mathrm{e}.$$

若令 $\dfrac{1}{x}=t$, 则当 $x\to\infty$ 时, $t\to 0$, 所以上式也可改写成 $\lim\limits_{t\to 0}(1+t)^{\frac{1}{t}}=\mathrm{e}$, 即

$$\lim_{x\to 0}(1+x)^{\frac{1}{x}}=\mathrm{e}.$$

例 5 求极限 $\lim\limits_{x\to\infty}\left(1+\dfrac{2}{x}\right)^x$.

解 $\lim\limits_{x\to\infty}\left(1+\dfrac{2}{x}\right)^x=\lim\limits_{\frac{x}{2}\to\infty}\left[\left(1+\dfrac{2}{x}\right)^{\frac{x}{2}}\right]^2=\left[\lim\limits_{\frac{x}{2}\to\infty}\left(1+\dfrac{2}{x}\right)^{\frac{x}{2}}\right]^2=\mathrm{e}^2.$

例 6 求极限 $\lim\limits_{x\to 0}(1+x)^{\frac{3}{x}}$.

解　$\lim\limits_{x\to 0}(1+x)^{\frac{3}{x}}=\lim\limits_{x\to 0}[(1+x)^{\frac{1}{x}}]^3=[\lim\limits_{x\to 0}(1+x)^{\frac{1}{x}}]^3=\mathrm{e}^3.$

例 7　求极限 $\lim\limits_{x\to\infty}\left(1-\dfrac{1}{x}\right)^{x+1}.$

解　$\lim\limits_{x\to\infty}\left(1-\dfrac{1}{x}\right)^{x+1}=\lim\limits_{x\to\infty}\left[\left(1+\dfrac{1}{-x}\right)^{-x}\right]^{-1}\left(1-\dfrac{1}{x}\right)$

$\qquad\qquad=\left[\lim\limits_{x\to\infty}\left(1+\dfrac{1}{-x}\right)^{-x}\right]^{-1}\cdot\lim\limits_{x\to\infty}\left(1-\dfrac{1}{x}\right)=\mathrm{e}^{-1}\cdot 1=\dfrac{1}{\mathrm{e}}.$

例 8　求极限 $\lim\limits_{x\to\infty}\left(\dfrac{x+1}{x-1}\right)^{x+2}.$

解　$\lim\limits_{x\to\infty}\left(\dfrac{x+1}{x-1}\right)^{x+2}=\lim\limits_{x\to\infty}\left(\dfrac{x+1}{x-1}\right)^{x}\cdot\lim\limits_{x\to\infty}\left(\dfrac{x+1}{x-1}\right)^{2}$

$\qquad\qquad=\lim\limits_{x\to\infty}\left(\dfrac{1+\dfrac{1}{x}}{1-\dfrac{1}{x}}\right)^{x}$

$\qquad\qquad=\dfrac{\lim\limits_{x\to\infty}\left(1+\dfrac{1}{x}\right)^{x}}{\lim\limits_{x\to\infty}\left(1-\dfrac{1}{x}\right)^{x}}$

$\qquad\qquad=\dfrac{\mathrm{e}}{\mathrm{e}^{-1}}$

$\qquad\qquad=\mathrm{e}^2.$

2.4　无穷小量与无穷大量

一、无穷小量

1. 无穷小量的定义

定义 2.6　若 $\lim\limits_{x \to x_0} f(x) = 0$，则称 $f(x)$ 为在 $x \to x_0$ 时的无穷小量，简称**无穷小**.

例如，函数 $f(x) = 2x - 4$ 是当 $x \to 2$ 时的无穷小；而函数 $f(x) = e^x$ 是当 $x \to -\infty$ 时的无穷小.

注：(1) 无穷小是与自变量的某个变化过程联系在一起的，单独说某个函数是无穷小是错误的.

(2) 无穷小不是一个数，而是一个极限为 0 的变量，不要将其与非常小的数混淆，因为任一常数不可能任意地小，除非是 0. 因此 0 是唯一可作为无穷小的常数.

2. 无穷小的性质

性质 2.4　有限个无穷小的代数和是无穷小.

性质 2.5　有限个无穷小的乘积是无穷小.

性质 2.6　无穷小与有界变量的乘积是无穷小.

推论　常数与无穷小的乘积是无穷小.

性质 2.7　$\lim\limits_{x \to x_0} f(x) = A$ 的充要条件是 $f(x)$ 可表示为 A 与一个无穷小之和，即

$$\lim\limits_{x \to x_0} f(x) = A \Longleftrightarrow f(x) = A + \alpha.$$

释疑解难

无穷小的性质

例 1　证明 $\lim\limits_{x \to 0} x^2 \sin \dfrac{1}{x} = 0$.

证明　因为 $\lim\limits_{x \to 0} x^2 = 0$，$\left| \sin \dfrac{1}{x} \right| \leqslant 1$，故 $\lim\limits_{x \to 0} x^2 \sin \dfrac{1}{x} = 0$.

二、无穷大量

1. 无穷大量的定义

定义 2.7　若 $\lim\limits_{x \to x_0} f(x) = \infty$，则称 $f(x)$ 为在 $x \to x_0$ 时的无穷大量，简称**无穷大**.

例如,函数 $f(x)=\dfrac{1}{2x-4}$ 是当 $x \to 2$ 时的无穷大;而函数 $f(x)=\mathrm{e}^x$ 是当 $x \to +\infty$ 时的无穷大.

注:(1) 无穷大是与自变量的某个变化过程联系在一起的,单独说某个函数是无穷大是错误的.

(2) 无穷大不是一个数,而是一个极限为 ∞ 的变量,不要将其与非常大的数混淆.任何绝对值很大的常数都不是无穷大.

(3) 若 $\lim\limits_{x \to x_0} f(x)=\infty$ 或 $\lim\limits_{x \to \infty} f(x)=\infty$,按照极限的定义,则 $f(x)$ 的极限不存在,但是可以借用极限的符号进行表示.

释疑解难

无穷大量与
无穷小量

2. 无穷大与无穷小的关系

定理 2.3 在自变量的同一变化过程中,若

(1) $f(x)$ 为无穷大,则 $\dfrac{1}{f(x)}$ 为无穷小;

(2) $f(x)$ 为无穷小,且 $f(x) \neq 0$,则 $\dfrac{1}{f(x)}$ 为无穷大.

有了这个定理,我们对无穷大的研究往往归结为对无穷小的研究.如因为 $\lim\limits_{x \to +\infty} \dfrac{1}{2^x}=0$,故 $\lim\limits_{x \to +\infty} 2^x=\infty$.

三、无穷小的比较

在近似计算或求极限过程中,常常要比较两个无穷小数量级的大小.例如当 $x \to 0$ 时,$(1+x)^3=1+3x+3x^2+x^3 \approx 1+3x$,这是因为当 $x \to 0$ 时,$3x^2$、x^3 比 $3x$ 小得多,可以忽略不计.然而在大多数的情况下,我们不容易看出两个无穷小数量级的大小,这就需要比较它们的大小.

定义 2.8 设当 $x \to x_0$ 时,α 与 β 是两个无穷小,则

(1) 若 $\lim\limits_{x \to x_0} \dfrac{\alpha}{\beta}=0$,则称 α 是比 β 高阶的无穷小,记为 $\alpha=o(\beta)$ $(x \to x_0)$;

(2) 若 $\lim\limits_{x \to x_0} \dfrac{\alpha}{\beta}=\infty$,则称 α 是比 β 低阶的无穷小;

(3) 若 $\lim\limits_{x \to x_0} \dfrac{\alpha}{\beta}=C \neq 0$,则称 α 是与 β 同阶的无穷小;特别地,若 $\lim\limits_{x \to x_0} \dfrac{\alpha}{\beta}=1$,则称 α 与 β 是等价无穷小,记为 $\alpha \sim \beta$ $(x \to x_0)$.

例 2 下列函数是当 $x \to 1$ 时的无穷小,试问与 $x-1$ 相比较,哪个是高阶无穷小? 哪个是同阶无穷小? 哪个是等价无穷小?

(1) $2(\sqrt{x}-1)$; (2) x^3-1; (3) x^3-3x+2.

解 因为 $\lim\limits_{x\to 1}\dfrac{2(\sqrt{x}-1)}{x-1}=\lim\limits_{x\to 1}\dfrac{2}{\sqrt{x}+1}=1$,

$$\lim_{x\to 1}\frac{x^3-1}{x-1}=\lim_{x\to 1}(x^2+x+1)=3,$$

$$\lim_{x\to 1}\frac{x^3-3x+2}{x-1}=\lim_{x\to 1}\frac{x^3-1-3x+3}{x-1}$$

$$=\lim_{x\to 1}\frac{(x-1)(x^2+x+1)-3(x-1)}{x-1}$$

$$=\lim_{x\to 1}(x^2+x-2)=0.$$

所以当 $x\to 1$ 时,$2(\sqrt{x}-1)$ 是与 $x-1$ 等价的无穷小,x^3-1 是与 $x-1$ 同阶的无穷小,x^3-3x+2 是比 $x-1$ 高阶的无穷小.

例 3 证明当 $x\to 0$ 时,$\alpha(x)=2x+x^3$ 是比 $\beta(x)=x^2-2x^3$ 低阶的无穷小.

证明 因为 $\lim\limits_{x\to 0}\dfrac{\beta(x)}{\alpha(x)}=\lim\limits_{x\to 0}\dfrac{x^2-2x^3}{2x+x^3}=\lim\limits_{x\to 0}\dfrac{x(1-2x)}{2+x^2}=0$,

所以当 $x\to 0$ 时,$\beta(x)=x^2-2x^3$ 是比 $\alpha(x)=2x+x^3$ 高阶的无穷小.

即当 $x\to 0$ 时,$\alpha(x)=2x+x^3$ 是比 $\beta(x)=x^2-2x^3$ 低阶的无穷小.

等价无穷小具有传递性,即 $\alpha\sim\beta$,$\beta\sim\gamma$,则 $\alpha\sim\gamma$. 并且,用等价无穷小可以简化极限的运算.

定理 2.4 若 α、β、α'、β' 均为 $x\to x_0$ 时的无穷小,$\alpha\sim\alpha'$,$\beta\sim\beta'$,且 $\lim\limits_{x\to x_0}\dfrac{\alpha'}{\beta'}$ 存在,

则 $\lim\limits_{x\to x_0}\dfrac{\alpha}{\beta}$ 也存在,且 $\lim\limits_{x\to x_0}\dfrac{\alpha}{\beta}=\lim\limits_{x\to x_0}\dfrac{\alpha'}{\beta'}$.

这个定理表明,求两个无穷小之比的极限时,分子与分母都可用等价无穷小来代替.

当 $x\to 0$ 时,常用的等价无穷小有:

$$\sin x\sim x,\ \tan x\sim x,\ \arcsin x\sim x,\ \arctan x\sim x,$$

$$\ln(1+x)\sim x,\ \mathrm{e}^x-1\sim x,\ 1-\cos x\sim\frac{1}{2}x^2.$$

例 4 证明 $x\to 0$ 时,$\alpha(x)=\sin 2x$ 与 $\beta(x)=3x$ 是同阶的无穷小.

证明 $\lim\limits_{x\to 0}\dfrac{\alpha(x)}{\beta(x)}=\lim\limits_{x\to 0}\dfrac{\sin 2x}{3x}=\lim\limits_{x\to 0}\dfrac{2x}{3x}=\dfrac{2}{3}$.

故求证成立.

例 5 求极限 $\lim\limits_{x\to 0}\dfrac{\sin 2x}{x^2+2x}$.

分析 当 $x \to 0$ 时, $\sin 2x \sim 2x$.

解 $\lim\limits_{x \to 0} \dfrac{\sin 2x}{x^2 + 2x} = \lim\limits_{x \to 0} \dfrac{2x}{x^2 + 2x} = \lim\limits_{x \to 0} \dfrac{2}{x + 2} = \dfrac{2}{2} = 1.$

例 6 求极限 $\lim\limits_{x \to 0} \dfrac{1 - \cos x}{\sin^2 x}$.

分析 当 $x \to 0$ 时, $\sin x \sim x$, $1 - \cos x \sim \dfrac{1}{2} x^2$.

解 $\lim\limits_{x \to 0} \dfrac{1 - \cos x}{\sin^2 x} = \lim\limits_{x \to 0} \dfrac{\dfrac{1}{2} x^2}{x^2} = \dfrac{1}{2}.$

例 7 求极限 $\lim\limits_{x \to 0} \dfrac{\tan x - \sin x}{x^3}$.

解 $\lim\limits_{x \to 0} \dfrac{\tan x - \sin x}{x^3} = \lim\limits_{x \to 0} \dfrac{\tan x (1 - \cos x)}{x^3} = \lim\limits_{x \to 0} \dfrac{x \cdot \dfrac{1}{2} x^2}{x^3} = \dfrac{1}{2}.$

注:用等价无穷小代换求极限时,一般只适用于乘、除,不能在加、减中使用. 如上例中若对分子的每项作等价替换,则产生错误的结果:

$$\lim\limits_{x \to 0} \dfrac{\tan x - \sin x}{x^3} = \lim\limits_{x \to 0} \dfrac{x - x}{x^3} = 0.$$

2.5 函数的连续性

客观世界的许多量都是连续变化的,如气温随时间的变化、物体的运动等.这种连续变化量的特点是,当时间变化很小时,这些量的变化也很小.反映在数学上就是函数连续的概念.从直观上说,函数的图像就是曲线,图像上的点连绵不断,构成了曲线"连续"的外观.简单地说,连续函数的图像就是不间断的曲线.

一、函数连续性的定义

1. 函数的增量

定义 2.9 设函数 $y=f(x)$ 在点 x_0 及其附近有定义,当自变量在点 x_0 及其附近由 x_0 变到 x 时,称 $x-x_0$ 为自变量 x 在点 x_0 的**增量**(或**改变量**),记为 Δx,即

$$\Delta x = x - x_0.$$

与此同时,函数 $y=f(x)$ 的增量(或改变量),记为 Δy,即

$$\Delta y = f(x_0 + \Delta x) - f(x_0) = f(x) - f(x_0).$$

其几何意义如图 2-6 所示.

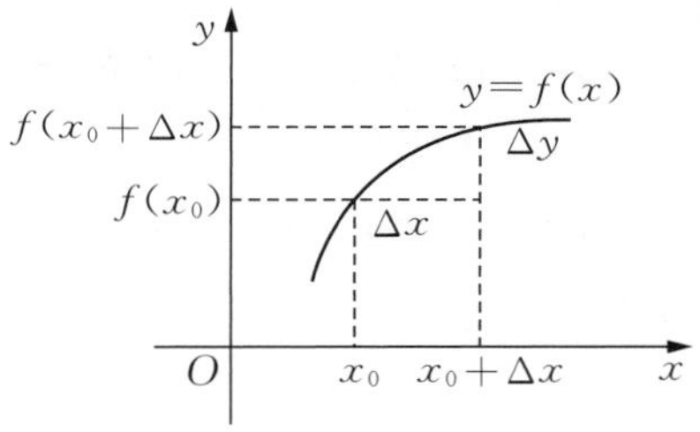

图 2-6

动画

函数的增量

2. 函数连续的定义

定义 2.10 设函数 $f(x)$ 在点 x_0 及其附近有定义,若自变量 x 在点 x_0 处的增量 Δx 趋于零时,对应的函数增量 $\Delta y = f(x_0 + \Delta x) - f(x_0)$ 也趋于零,即

$$\lim_{\Delta x \to 0} \Delta y = 0,$$

则称函数 $y=f(x)$ 在点 x_0 处**连续**,点 x_0 称为函数 $y=f(x)$ 的**连续点**.

显然,函数在点 x_0 处连续的定义也可具体地用极限 $\lim\limits_{\Delta x \to 0}[f(x_0 + \Delta x) - f(x_0)] = 0$ 来给出.而 $\lim\limits_{\Delta x \to 0}[f(x_0 + \Delta x) - f(x_0)] = 0$ 等价于 $\lim\limits_{x \to x_0}[f(x) - f(x_0)] = 0$,即 $\lim\limits_{x \to x_0} f(x) = f(x_0)$.于是有下面的定义.

释疑解难

函数连续性

定义 2.11 设函数 $y=f(x)$ 在点 x_0 及其附近有定义,若

$$\lim_{x \to x_0} f(x) = f(x_0),$$

则称函数 $y=f(x)$ 在点 x_0 处连续.

如果 $\lim\limits_{x \to x_0^+} f(x) = f(x_0)$，则称函数 $f(x)$ 在点 x_0 处右连续，如果 $\lim\limits_{x \to x_0^-} f(x) = f(x_0)$，则称函数 $f(x)$ 在点 x_0 处左连续.

显然，函数 $f(x)$ 在点 x_0 处连续 $\Leftrightarrow \lim\limits_{x \to x_0^-} f(x) = \lim\limits_{x \to x_0^+} f(x) = f(x_0)$.

例 1 证明函数 $f(x) = \begin{cases} x \sin \dfrac{1}{x}, & x \neq 0, \\ 0, & x = 0 \end{cases}$ 在点 $x = 0$ 处连续.

证明 因为 $\lim\limits_{x \to 0} f(x) = \lim\limits_{x \to 0} x \cdot \sin \dfrac{1}{x} = 0$，即 $\lim\limits_{x \to 0} f(x) = f(0)$，

所以函数 $f(x)$ 在点 $x = 0$ 处连续.

例 2 证明函数 $f(x) = |x| = \begin{cases} x, & x \geqslant 0, \\ -x, & x < 0 \end{cases}$ 在点 $x = 0$ 处连续.

证明： 因为 $\lim\limits_{x \to 0^-} f(x) = \lim\limits_{x \to 0^-} (-x) = 0$，$\lim\limits_{x \to 0^+} f(x) = \lim\limits_{x \to 0^+} x = 0$，

所以 $\lim\limits_{x \to 0^-} f(x) = \lim\limits_{x \to 0^+} f(x) = f(0)$.

故函数在 $x = 0$ 处连续.

注：（1）若函数 $f(x)$ 在开区间 (a, b) 内每一点都连续，则称函数 $f(x)$ 在开区间 (a, b) 内连续.

（2）一般地，如果函数 $f(x)$ 在某个区间上连续，则函数 $f(x)$ 的图像是一条连续不断的曲线.

二、函数间断点

对定义 2.11 的等式 $\lim\limits_{x \to x_0} f(x) = f(x_0)$ 作细致的分析可看出，函数 $f(x)$ 在点 x_0 处连续，即要求同时满足以下三个条件：

（1）函数 $f(x)$ 在点 x_0 处有定义；

（2）$\lim\limits_{x \to x_0} f(x)$ 存在；

（3）极限值与函数值相等，即 $\lim\limits_{x \to x_0} f(x) = f(x_0)$.

以上三个条件若有一条不满足，则函数 $f(x)$ 在点 x_0 处不连续.

定义 2.12 若函数 $y = f(x)$ 在点 x_0 处不连续，则称点 x_0 为函数 $y = f(x)$ 的**间断点**.

定义 2.13（间断点的分类） 左、右极限都存在的间断点称为**第一类间断点**；否则就称为**第二类间断点**.

设 x_0 为 $f(x)$ 的一个间断点.

(1) 若 $\lim\limits_{x \to x_0} f(x) = A \neq f(x_0)$,称 x_0 为 **可去间断点**；

(2) 若 $\lim\limits_{x \to x_0^-} f(x) \neq \lim\limits_{x \to x_0^+} f(x)$,称 x_0 为 **跳跃间断点**；

(3) 若 $\lim\limits_{x \to x_0} f(x) = \infty$,称 x_0 为 **无穷间断点**；

(4) 若 $\lim\limits_{x \to x_0} f(x)$ 振荡不存在,称 x_0 为 **振荡间断点**.

例 3 讨论函数 $f(x) = \dfrac{x^2 - x - 2}{x^2 - 3x + 2}$ 的间断点类型.

解 $f(x) = \dfrac{x^2 - x - 2}{x^2 - 3x + 2} = \dfrac{(x-2)(x+1)}{(x-2)(x-1)}$.

显然 $x = 1$ 和 $x = 2$ 是它的两个间断点.

因为 $\lim\limits_{x \to 1} f(x) = \lim\limits_{x \to 1} \dfrac{(x-2)(x+1)}{(x-2)(x-1)} = \infty$,所以 $x = 1$ 是第二类间断点,且为无穷间断点.

因为 $\lim\limits_{x \to 2} f(x) = \lim\limits_{x \to 2} \dfrac{(x-2)(x+1)}{(x-2)(x-1)} = 3$,所以 $x = 2$ 是第一类间断点,且为可去间断点.

例 4 讨论符号函数的间断点类型.

解 符号函数为 $\operatorname{sgn} x = f(x) = \begin{cases} 1, & x > 0, \\ 0, & x = 0, \\ -1, & x < 0. \end{cases}$

$\lim\limits_{x \to 0^+} \operatorname{sgn} x = \lim\limits_{x \to 0^+} 1 = 1,$

$\lim\limits_{x \to 0^-} \operatorname{sgn} x = \lim\limits_{x \to 0^-} (-1) = -1.$

因为 $\lim\limits_{x \to 0^+} f(x) \neq \lim\limits_{x \to 0^-} f(x)$,所以 $x = 0$ 是 $\operatorname{sgn} x$ 的跳跃间断点.

例 5 讨论函数 $f(x) = \sin \dfrac{1}{x+1}$ 的间断点类型.

解 $x = -1$ 显然是函数 $f(x)$ 的间断点.

因为当 $x \to -1$ 时,函数值在 -1 与 1 之间无限次地振荡变化,所以 $x = -1$ 是 $f(x)$ 的振荡间断点.

动画

振荡间断点

三、初等函数的连续性

由极限的运算法则和连续函数的定义,可以得到以下关于连续函数的运算法则.

性质 2.8   有限个连续函数的和、差、积、商(分母不为零)也是连续函数.

性质 2.9   有限个连续函数的复合函数也是连续函数.

性质 2.10   单调增加(减少)的连续函数的反函数也是单调增加(减少)的连续函数.

应用连续函数的运算法则可以得到：

所有基本初等函数在各自定义域内都是连续函数.

由极限的运算可知,多项式在 $(-\infty, +\infty)$ 内是连续的,有理函数在分母不为零时也是连续的.

因此,我们得到：**一切初等函数在其定义区间内都是连续的.**

例 6   设函数 $f(x) = \begin{cases} e^x, & x < 0, \\ 1, & x = 0, \\ \dfrac{\sin x}{x}, & x > 0, \end{cases}$ 讨论函数 $f(x)$ 在 $x = 0$ 处的连续性.

分析   由于函数在分段点 $x = 0$ 两侧的表达式不同,因此要考虑在分段点 $x = 0$ 处的左极限与右极限.

解 $\lim\limits_{x \to 0^-} f(x) = \lim\limits_{x \to 0^-} e^x = 1$, $\lim\limits_{x \to 0^+} f(x) = \lim\limits_{x \to 0^+} \dfrac{\sin x}{x} = 1$,所以 $\lim\limits_{x \to 0} f(x) = 1$.

而 $f(0) = 1$,即 $\lim\limits_{x \to 0} f(x) = f(0)$,所以函数 $f(x)$ 在 $x = 0$ 处连续.

注：由于初等函数在其定义区间总是连续的,所以判断分段函数是否为连续函数,重点是判断它在自变量分段点处的连续性.

定理 2.5(复合函数的连续性) $\lim\limits_{x \to x_0} f[\varphi(x)] = f[\varphi(x_0)] = f[\lim\limits_{x \to x_0} \varphi(x)]$.

该定理表明极限运算"lim"与连续函数"f"的作用可以交换顺序,求复合函数的极限时,主要是利用这个结论.

例 7   求极限 $\lim\limits_{x \to 0} \dfrac{\ln(1+x)}{x}$.

解 $\lim\limits_{x \to 0} \dfrac{\ln(1+x)}{x} = \lim\limits_{x \to 0} \ln(1+x)^{\frac{1}{x}} = \ln \lim\limits_{x \to 0} (1+x)^{\frac{1}{x}} = \ln e = 1.$

四、闭区间上连续函数的性质

定理 2.6(最大值和最小值定理)   若函数 $f(x)$ 在闭区间上连续,则函数 $f(x)$ 在闭区间上必然存在最大值与最小值.

如图 2-7 所示,若 $f(x)$ 在 $[a, b]$ 上连续,则在 $[a, b]$ 上至少有一点 x_1,使得在点 x_1 处 $f(x)$ 取最小值 m,同样,至少

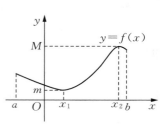

图 2-7

有一点 x_2，使得在点 x_2 处取最大值 M.

定理 2.7（介值定理） 若函数 $f(x)$ 在闭区间上连续，则它在闭区间内能取得介于其最大值和最小值之间的任何值.

推论（零点存在定理） 设函数 $f(x)$ 在闭区间 $[a, b]$ 上连续，且 $f(a) \cdot f(b) < 0$，则至少存在一点 $\xi \in (a, b)$，使得 $f(\xi) = 0$.

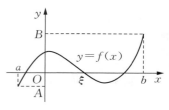

图 2-8

动画

零点存在
定理

注：(1) 如图 2-8 所示，从几何上看 $(a, f(a))$ 与 $(b, f(b))$ 在 x 轴的上下两侧，由于 $f(x)$ 连续，显然，在 (a, b) 内，$f(x)$ 的图像与 x 轴至少相交一次.

(2) 用代数语言描述零点定理，可看出 ξ 即为方程 $f(x) = 0$ 的根，故零点定理又称为"方程根的存在定理".利用它可以证明一些与方程的根有关的结论.

例 8 证明方程 $3^x - 6x - 2 = 0$ 在开区间 $(2, 3)$ 内至少有一个实数根.

解 令 $f(x) = 3^x - 6x - 2$，显然 $f(x)$ 在 $[2, 3]$ 上连续.

因为 $f(2) = -5 < 0$，$f(3) = 7 > 0$.

由零点存在定理可知，至少存在一点 $\xi \in (2, 3)$，使得 $f(\xi) = 0$，即方程 $3^x - 6x - 2 = 0$ 在开区间 $(2, 3)$ 内至少有一个实数根.

2.6　典型例题详解

例 1　如果 $\lim\limits_{x \to x_0} f(x) = A$ 存在,那么函数 $f(x)$ 在点 x_0 处是否一定有定义?

解析　$\lim\limits_{x \to x_0} f(x) = A$ 存在与 $f(x)$ 在 x_0 处是否有定义无关.例如 $\lim\limits_{x \to 0} \dfrac{\sin x}{x} = 1$,而 $f(x) = \dfrac{\sin x}{x}$ 在 $x = 0$ 处无定义;又如 $\lim\limits_{x \to 0} x^2 = 0$,而 $f(x) = x^2$ 在 $x = 0$ 处有定义.所以,如果 $\lim\limits_{x \to x_0} f(x)$ 存在,$f(x)$ 在 x_0 点不一定有定义.

例 2　求下列函数的极限:

(1) $\lim\limits_{x \to 0} \dfrac{\tan x - x}{x^2 \sin x}$;

(2) $\lim\limits_{x \to 0} \left(\dfrac{\sin x}{x} + x \sin \dfrac{1}{x} \right)$;

(3) $\lim\limits_{x \to +\infty} \mathrm{e}^{-x} \sin x$;

(4) $\lim\limits_{x \to 0} \dfrac{\ln(1 + x)}{\sin 2x}$;

(5) $\lim\limits_{x \to +\infty} \arcsin(\sqrt{x^2 + x} - x)$.

解　(1) $\lim\limits_{x \to 0} \dfrac{\tan x - x}{x^2 \sin x} = \lim\limits_{x \to 0} \dfrac{\tan x - x}{x^3}$

$= \lim\limits_{x \to 0} \dfrac{\sec^2 x - 1}{3x^2}$

$= \lim\limits_{x \to 0} \dfrac{\tan^2 x}{3x^2} = \dfrac{1}{3}$.

小结　利用等价无穷小可代换整个分子或分母,也可代换分子或分母中的因式,但当分子或分母为多项式时,一般不能代换其中一项,否则会出错.

如上题 $\lim\limits_{x \to 0} \dfrac{\tan x - x}{x^2 \sin x} = \lim\limits_{x \to 0} \dfrac{x - x}{x^3} = 0$,即得一错误结果.

(2) $\lim\limits_{x \to 0} \left(\dfrac{\sin x}{x} + x \sin \dfrac{1}{x} \right) = \lim\limits_{x \to 0} \dfrac{\sin x}{x} + \lim\limits_{x \to 0} x \sin \dfrac{1}{x}$

$= 1 + 0$

$= 1$.

需要注意,$\lim\limits_{x \to 0} x \sin \dfrac{1}{x} = 0$ 是由于 x 为 $x \to 0$ 时的无穷小量,$\left| \sin \dfrac{1}{x} \right| \leqslant 1$,即 $\sin \dfrac{1}{x}$ 为有界函数,所以 $x \sin \dfrac{1}{x}$ 为 $x \to 0$ 时的无穷小.

（3）$x \to +\infty$ 时，e^{-x} 是无穷小量，$\sin x$ 是有界变量.

因为有界变量乘无穷小量仍是无穷小量，所以

$$\lim_{x \to +\infty} e^{-x} \sin x = 0.$$

（4）由无穷小量的等价代换，$x \to 0$ 时，$\ln(1+x) \sim x$，$\sin 2x \sim 2x$.

所以

$$\lim_{x \to 0} \frac{\ln(1+x)}{\sin 2x} = \lim_{x \to 0} \frac{x}{2x} = \frac{1}{2}.$$

（5）$\lim\limits_{x \to +\infty} (\sqrt{x^2+x} - x) = \lim\limits_{x \to +\infty} \dfrac{x}{\sqrt{x^2+x} + x} = \lim\limits_{x \to +\infty} \dfrac{1}{\sqrt{1+\dfrac{1}{x}} + 1} = \dfrac{1}{2}$，

然后利用复合函数求极限的法则来运算，即

$$\lim_{x \to +\infty} \arcsin(\sqrt{x^2+x} - x) = \arcsin \lim_{x \to +\infty} (\sqrt{x^2+x} - x)$$
$$= \arcsin \frac{1}{2} = \frac{\pi}{6}.$$

小结　利用"连续函数的极限值即为函数值"可求连续函数的极限.在一定条件下求复合函数的极限时，极限符号与函数符号可交换次序.

例 3　设函数 $f(x) = \begin{cases} x \sin \dfrac{1}{x} + a, & x < 0, \\ 1 + x^2, & x > 0, \end{cases}$ 当 a 为何值时，$f(x)$ 在 $x = 0$ 的极限存在？

解析　对于分段函数，讨论分段点 $x = 0$ 处的极限.由于函数在分段点两边的解析式不同，所以，一般要考虑在分段点 $x = 0$ 处的左极限与右极限.

解　$\lim\limits_{x \to 0^-} f(x) = \lim\limits_{x \to 0^-} \left(x \sin \dfrac{1}{x} + a \right) = \lim\limits_{x \to 0^-} \left(x \sin \dfrac{1}{x} \right) + \lim\limits_{x \to 0^-} a = a$，

$\lim\limits_{x \to 0^+} f(x) = \lim\limits_{x \to 0^+} (1 + x^2) = 1.$

为使 $\lim\limits_{x \to 0} f(x)$ 存在，必须有 $\lim\limits_{x \to 0^+} f(x) = \lim\limits_{x \to 0^-} f(x)$.

因此，当 $a = 1$ 时，$\lim\limits_{x \to 0} f(x)$ 存在且 $\lim\limits_{x \to 0} f(x) = 1.$

小结　对于求含有绝对值的函数及分段函数分界点处的极限，要用左、右极限来求，只有左、右极限存在且相等时极限才存在，否则，极限不存在.

例 4　讨论函数 $f(x) = \dfrac{e^{\frac{1}{x}} - 1}{e^{\frac{1}{x}} + 1}$ 的间断点.

解　当 $x = 0$ 时，函数无定义，所以 $x = 0$ 为函数的间断点.

因为 $\lim\limits_{x\to 0^-} f(x) = \lim\limits_{x\to 0^-} \dfrac{\mathrm{e}^{\frac{1}{x}} - 1}{\mathrm{e}^{\frac{1}{x}} + 1} = -1$, $\lim\limits_{x\to 0^+} f(x) = \lim\limits_{x\to 0^+} \dfrac{\mathrm{e}^{\frac{1}{x}} - 1}{\mathrm{e}^{\frac{1}{x}} + 1} = \lim\limits_{x\to 0^+} \dfrac{1 - \mathrm{e}^{-\frac{1}{x}}}{1 + \mathrm{e}^{-\frac{1}{x}}} = 1$,

即 $\lim\limits_{x\to 0^-} f(x) \neq \lim\limits_{x\to 0^+} f(x)$，所以 $x = 0$ 为函数 $f(x) = \dfrac{\mathrm{e}^{\frac{1}{x}} - 1}{\mathrm{e}^{\frac{1}{x}} + 1}$ 的跳跃间断点.

例 5　已知极限 $\lim\limits_{x\to\infty}\left(\dfrac{x^2+1}{x+1} - ax - b\right) = 0$，求 a、b 的值.

解　因为　$\lim\limits_{x\to\infty}\left(\dfrac{x^2+1}{x+1} - ax - b\right)$

$$= \lim\limits_{x\to\infty} \dfrac{(1-a)x^2 - (a+b)x + 1 - b}{x+1}$$

$$= 0,$$

由有理函数的极限知，若上式成立，则必须有 x^2 和 x 的系数等于 0，即 $\begin{cases} 1 - a = 0, \\ a + b = 0, \end{cases}$ 也即

$a = 1$, $b = -1$.

例 6　试证方程 $x^5 - 3x = 1$ 至少有一个根介于 1 和 2 之间.

证　设函数 $f(x) = x^5 - 3x - 1$，则 $f(x)$ 在 $[1, 2]$ 上连续，且 $f(1) = -3$, $f(2) = 25$，即区间端点函数值异号.

由零点存在定理可知，至少存在一点 $\xi \in (1, 2)$ 使得 $f(\xi) = 0$，即方程 $x^5 - 3x = 1$ 至少有一个根介于 1 和 2 之间.

练 习 题 二

1. 填空题.

(1) 极限 $\lim\limits_{n \to \infty} \left(2 - \dfrac{1}{n^2}\right) = $ _____ .

(2) 设 $f(x) = \begin{cases} x^2 - 3, & x < 1, \\ 2x + 1, & 1 \leqslant x \leqslant 2, \\ x + 3, & x > 2, \end{cases}$ 则 $\lim\limits_{x \to 1} f(x) = $ _____ .

(3) 当 $x \to 1$ 时,$1 - x$ 与 $\dfrac{1}{2}(1 - x^2)$ 是 _____ 无穷小.

(4) 已知 a、b 为常数,$\lim\limits_{x \to \infty} \dfrac{ax^2 + bx + 2}{2x - 1} = 3$,则 $a = $ _____ ,$b = $ _____ .

(5) 函数 $f(x) = \sqrt{x^2 - 3x + 2}$ 的连续区间是 _____ .

(6) $x = 0$ 是 $f(x) = \dfrac{\sin x}{x}$ 的 _____ 间断点.

(7) $x = 0$ 是函数 $f(x) = \begin{cases} \sin x, & x \geqslant 0, \\ x + 1, & x < 0 \end{cases}$ 的 _____ 间断点.

(8) 若极限 $\lim\limits_{x \to \infty} \varphi(x) = a$ (a 为常数),则 $\lim\limits_{x \to \infty} e^{\varphi(x)} = $ _____ .

2. 求下列各极限.

(1) $\lim\limits_{x \to 2} (3x^2 - 2x + 1)$;

(2) $\lim\limits_{x \to 1} \dfrac{2x^2 - 3}{x + 1}$;

(3) $\lim\limits_{x \to -1} \dfrac{3x + 4}{x^2 - 1}$;

(4) $\lim\limits_{x \to 3} \dfrac{x^2 - 9}{x^2 - 5x + 6}$;

(5) $\lim\limits_{x \to 1} \dfrac{x^2 - 2x + 1}{x^3 - 1}$;

(6) $\lim\limits_{x \to 0} \dfrac{\sqrt{x + 4} - 2}{x}$;

(7) $\lim\limits_{x \to 1} \dfrac{x^2 + 1}{x - 1}$;

(8) $\lim\limits_{x\to\infty}\dfrac{2x^2+1}{3x^3-5}$;

(9) $\lim\limits_{x\to\infty}\dfrac{(x-1)(2x-1)(3x-1)}{(3x+2)^3}$;

(10) $\lim\limits_{x\to\infty}\dfrac{5x^2-2x+1}{3x+1}$;

(11) $\lim\limits_{x\to2}\left(\dfrac{4}{x^2-4}-\dfrac{1}{x-2}\right)$;

(12) $\lim\limits_{x\to0}\dfrac{x^2}{\sqrt{1+x^2}-1}$;

(13) $\lim\limits_{x\to\infty}\left(\dfrac{x^2+1}{x+1}-x\right)$;

(14) $\lim\limits_{x\to+\infty}\left[\sqrt{(x+2)(x+3)}-x\right]$;

(15) $\lim\limits_{x\to0}\dfrac{\cos x-\cos 3x}{x^2}$;

(16) $\lim\limits_{x\to0}\dfrac{\sin 6x}{\sin 3x}$;

(17) $\lim\limits_{x\to0}\dfrac{1-\cos 2x}{x\sin 4x}$;

(18) $\lim\limits_{x\to0}(1+2x)^{\frac{1}{x}}$;

(19) $\lim\limits_{x\to0}\left(\dfrac{1+x}{1-x}\right)^{\frac{2}{x}}$;

(20) $\lim\limits_{x\to\infty}\left(1-\dfrac{1}{x^2}\right)^x$;

(21) $\lim\limits_{x\to\infty}\left(1-\dfrac{1}{x}\right)^{2x}$;

(22) $\lim\limits_{x\to\infty}\left(\dfrac{2x+3}{2x+1}\right)^{x+1}$.

3. 当 $x\to0$ 时,比较下列各组无穷小.

(1) $\sin x-\tan x$ 与 $\sin x$;

(2) $\sin 5x$ 与 $\arctan 3x$;

(3) $\sqrt{1+x}-\sqrt{1-x}$ 与 x;

(4) x^2-5x 与 x^3+2x^2.

4. 求函数 $f(x)=\dfrac{1}{x^2+2x-3}$ 的间断点和连续区间.

5. 如果函数 $f(x)=\begin{cases}x^2+1, & x<1,\\ a, & x=1, \\ bx+3, & x>1\end{cases}$ 在点 $x=1$ 处连续,求 a、b 的值.

6. 求极限 $\lim\limits_{x\to\infty} \ln \dfrac{2x^2-x}{x^2+1}$.

7. 设函数 $f(x) = \begin{cases} x, & x \leqslant 1, \\ 6x-5, & x > 1, \end{cases}$ 试讨论 $f(x)$ 在 $x=1$ 处的连续性,并写出 $f(x)$ 的连续区间.

8. 证明函数 $f(x) = x^3 - 4x^2 + 1$ 在 $(0,1)$ 内至少有一个实根.

9. 证明方程 $2^x = 4x$ 在开区间 $\left(0, \dfrac{1}{2}\right)$ 内至少有一个实根.

10. 设 $1\,g$ 冰从 $-40\,^\circ\!C$ 升到 $100\,^\circ\!C$ 时所需要的热量(单位为 J)可被表示为温度 x 的函数:

$$f(x) = \begin{cases} 2.1x + 84, & -40 \leqslant x \leqslant 0, \\ 4.2x + 420, & 0 < x \leqslant 100, \end{cases}$$

试问函数 $f(x)$ 在 $x=0$ 处是否连续? 若不连续,指出其间断点的类型,并解释其实际意义.

复 习 题 二

1. 求下列极限.

(1) $\lim\limits_{x \to 2} \dfrac{x^3 - 1}{x^2 - 3x + 5}$;

(2) $\lim\limits_{x \to \infty} \dfrac{x^3 - 3x^2 + 1}{2x^3 + 4x^2 - 3}$;

(3) $\lim\limits_{n \to \infty} \left(\dfrac{1}{n^2} + \dfrac{2}{n^2} + \cdots + \dfrac{n}{n^2} \right)$;

(4) $\lim\limits_{x \to 2} \dfrac{2 - \sqrt{x + 2}}{2 - x}$;

(5) $\lim\limits_{x \to 2} \left(\dfrac{1}{x - 2} - \dfrac{12}{x^3 - 8} \right)$;

(6) $\lim\limits_{x \to 1} \left(\dfrac{2}{1 - x^2} - \dfrac{1}{1 - x} \right)$;

(7) $\lim\limits_{x \to +\infty} \dfrac{\sqrt{5x} - 1}{\sqrt{x + 2}}$;

(8) $\lim\limits_{x \to \infty} \left(\sqrt{x^2 + 1} - \sqrt{x^2 - 1} \right)$.

(9) $\lim\limits_{x \to 0} \dfrac{\sin ax}{\sin bx}$;

(10) $\lim\limits_{x \to 0} \dfrac{x - \sin x}{x + \sin x}$;

(11) $\lim\limits_{x \to \infty} \left(\dfrac{1 + x}{x} \right)^{3x}$;

(12) $\lim\limits_{x \to \infty} \left(\dfrac{3x + 4}{3x - 1} \right)^{x + 1}$.

(13) $\lim\limits_{x \to 2} \sqrt{1 + x^2}$;

(14) $\lim\limits_{x \to 1} e^{\arcsin x}$.

2. 用等价无穷小代换,求下列极限:

(1) $\lim\limits_{x \to 0} \dfrac{\arcsin x}{\sin x}$;

(2) $\lim\limits_{x \to 0} \dfrac{\tan^2 2x}{1 - \cos x}$;

(3) $\lim\limits_{x \to 0} \dfrac{\tan x - \sin x}{\sin^3 2x}$；

(4) $\lim\limits_{x \to +\infty} x [\ln(x+1) - \ln x]$．

3. 讨论下列函数的连续性,如有间断点,指出其类型.

(1) $y = \dfrac{x^2 - 4}{x^2 - 3x + 2}$；

(2) $y = \dfrac{\tan 2x}{x}$；

(3) $y = \begin{cases} \mathrm{e}^{\frac{1}{x}}, & x < 0, \\ 1, & x = 0, \\ x, & x > 0; \end{cases}$

(4) $f(x) = \begin{cases} 2 - x, & x \geqslant 1, \\ \dfrac{\sin(x-1)}{x-1}, & x < 1. \end{cases}$

第 3 章

导 数 与 微 分

  导数与微分是在解决实际问题中抽象出的数学模型,是一种特殊形式的极限.导数能够解决大量的实际问题,同时它也是研究函数性态的有力工具.本章我们主要从实际问题入手,引出导数与微分的概念,并介绍它们的计算方法.

3.1　导　数　概　念

一、引例

1. 变速直线运动的瞬时速度

一物体作变速直线运动,从某时刻 t_0 开始到时刻 t 所经过的路程为 $s=s(t)$,求物体在某时刻 t_0 的速度.

考察在时间段 $[t_0, t_0+\Delta t]$ 内物体运动的平均速度为

$$\overline{v}=\frac{\Delta s}{\Delta t}=\frac{s(t_0+\Delta t)-s(t_0)}{\Delta t},$$

如果 Δt 很小,则物体在时间段 $[t_0, t_0+\Delta t]$ 内的平均速度就接近它在 t_0 时刻的瞬时速度,当 $\Delta t \to 0$ 时,时间段 $[t_0, t_0+\Delta t]$ 收缩成一点 t_0,因而平均速度的极限就是瞬时速度,即

$$v=\lim_{\Delta t \to 0}\frac{\Delta s}{\Delta t}=\lim_{t \to t_0}\frac{s(t_0+\Delta t)-s(t_0)}{\Delta t}.$$

2. 曲线的切线

点 $M(x_0, y_0)$ 是曲线 $y=f(x)$ 上的任意一点,求过该点并与曲线相切的切线方程.

如图 3-1 所示,在点 M 的邻近取一点 $N(x, f(x))$,则割线 MN 的斜率为

$$k_{MN}=\frac{y-y_0}{x-x_0}=\frac{\Delta y}{\Delta x}.$$

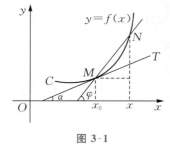

动画

曲线的切线

图 3-1

当点 N 沿曲线 C 趋向于点 M 时,割线 MN 的极限位置就是曲线 C 在点 M 的切线.因此,切线的斜率为

$$k=\lim_{x \to x_0}\frac{y-y_0}{x-x_0}=\lim_{\Delta x \to 0}\frac{\Delta y}{\Delta x}.$$

上述两个具体问题尽管实际背景不一样,但从抽象的数量关系上来看却是一样的,都是当自变量的改变量趋于零时,计算因变量的改变量与自变量的改变量比值的极限.大量的实际问题都需要计算这种类型的极限,由此我们抽象出导数定义.

二、导数的定义

定义 3.1 设函数 $y=f(x)$ 在点 x_0 及其附近有定义,当自变量 x 在点 x_0 处取得增量 Δx,相应地,因变量 y 取得增量 $\Delta y=f(x_0+\Delta x)-f(x_0)$,如果极限

$$\lim_{\Delta x \to 0}\frac{\Delta y}{\Delta x}=\lim_{\Delta x \to 0}\frac{f(x_0+\Delta x)-f(x_0)}{\Delta x}$$

存在,则称函数 $y=f(x)$ 在点 x_0 处**可导**,并称此极限值为函数 $y=f(x)$ 在点 x_0 处的**导数**,记为 $f'(x_0)$,

即

$$f'(x_0)=\lim_{\Delta x \to 0}\frac{\Delta y}{\Delta x}=\lim_{\Delta x \to 0}\frac{f(x_0+\Delta x)-f(x_0)}{\Delta x}.$$

函数 $y=f(x)$ 在点 x_0 处的导数也可记为 $y'\big|_{x=x_0}$,$\dfrac{\mathrm{d}y}{\mathrm{d}x}\Big|_{x=x_0}$ 或 $\dfrac{\mathrm{d}f(x)}{\mathrm{d}x}\Big|_{x=x_0}$. 如果 $\lim\limits_{\Delta x \to 0}\dfrac{\Delta y}{\Delta x}$ 不存在,则称函数 $y=f(x)$ 在点 x_0 处**不可导**.

有时为了书写和计算方便,导数也可表示为

$$f'(x_0)=\lim_{h \to 0}\frac{f(x_0+h)-f(x_0)}{h}$$

或

$$f'(x_0)=\lim_{x \to x_0}\frac{f(x)-f(x_0)}{x-x_0}.$$

如果函数 $y=f(x)$ 在区间 I 内的每一点都可导,则称函数 $f(x)$ 在区间 I 内可导,即对任何 $x \in I$,有

$$f'(x)=\lim_{\Delta x \to 0}\frac{f(x+\Delta x)-f(x)}{\Delta x}.$$

$f'(x)$ 称为 $f(x)$ 的导函数,简称为 $f(x)$ 的导数,且 $f'(x_0)=f'(x)\big|_{x=x_0}$.

例 1 计算函数 $y=x^2$ 在点 $x=1$ 处的导数.

解 当 x 由 1 变化到 $1+\Delta x$ 时,因变量相应的改变量

$$\Delta y=(1+\Delta x)^2-1^2=2 \cdot \Delta x+(\Delta x)^2,$$

$$\frac{\Delta y}{\Delta x}=2+\Delta x,$$

从而 $f'(1)=\lim\limits_{\Delta x \to 0}\dfrac{\Delta y}{\Delta x}=\lim\limits_{\Delta x \to 0}(2+\Delta x)=2.$

为了研究可导,有时还要用到单侧导数的概念.根据函数 $f(x)$ 在点 x_0 处的导数定

义,导数

$$f'(x_0) = \lim_{\Delta x \to 0} \frac{f(x_0 + \Delta x) - f(x_0)}{\Delta x}$$

是一个极限,因此 $f'(x_0)$ 存在即函数 $f(x)$ 在点 x_0 处可导的充分必要条件是左、右极限

$$\lim_{\Delta x \to 0^-} \frac{f(x_0 + \Delta x) - f(x_0)}{\Delta x} \text{ 和 } \lim_{\Delta x \to 0^+} \frac{f(x_0 + \Delta x) - f(x_0)}{\Delta x}$$

都存在且相等.

　　这两个极限分别称为函数 $f(x)$ 在点 x_0 处的左导数与右导数,记作 $f'_-(x_0)$ 与 $f'_+(x_0)$,即

$$f'_-(x_0) = \lim_{\Delta x \to 0^-} \frac{f(x_0 + \Delta x) - f(x_0)}{\Delta x},$$

$$f'_+(x_0) = \lim_{\Delta x \to 0^+} \frac{f(x_0 + \Delta x) - f(x_0)}{\Delta x}.$$

　　左导数与右导数统称为函数的**单侧导数**.

　　显然,函数 $f(x)$ 在点 x_0 处可导的**充要条件**是 $f'_-(x_0) = f'_+(x_0)$.

三、导数的几何意义

动画

导数的
几何意义

　　如果函数 $y = f(x)$ 在点 x_0 处可导,则 $y = f(x)$ 在点 x_0 处的导数值为曲线 $y = f(x)$ 在点 $M(x_0, f(x_0))$ 处的切线的斜率,即

$$k = f'(x_0) = \lim_{x \to x_0} \frac{f(x) - f(x_0)}{x - x_0}.$$

因此,曲线 $y = f(x)$ 在点 $M(x_0, f(x_0))$ 处的切线的方程为

$$y - y_0 = f'(x_0)(x - x_0).$$

　　过曲线 $y = f(x)$ 的切点 $M(x_0, f(x_0))$ 且与切线垂直的直线称为曲线在点 $M(x_0, f(x_0))$ 处的法线.如果 $f'(x_0) \neq 0$,则曲线 $y = f(x)$ 在点 $M(x_0, f(x_0))$ 处的法线方程为

$$y - y_0 = -\frac{1}{f'(x_0)}(x - x_0).$$

　　例 2　求双曲线 $y = \dfrac{1}{x}$ 在点 $\left(\dfrac{1}{2}, 2\right)$ 处的切线的斜率,并写出在该点处的切线方程和法线方程.

　　解　根据导数的几何意义知道,所求切线的斜率为

$$k_1 = y' \Big|_{x=\frac{1}{2}} = \left(-\frac{1}{x^2} \right) \Big|_{x=\frac{1}{2}} = -4.$$

从而所求切线方程为 $y - 2 = -4\left(x - \frac{1}{2} \right)$，即 $4x + y - 4 = 0$．

所求法线的斜率为 $k_2 = -\dfrac{1}{k_1} = \dfrac{1}{4}$，于是所求法线方程为 $y - 2 = \dfrac{1}{4}\left(x - \dfrac{1}{2} \right)$，即 $2x - 8y + 15 = 0$．

四、函数可导与连续的关系

设函数 $y = f(x)$ 在点 x 处可导，则 $\lim\limits_{\Delta x \to 0} \dfrac{\Delta y}{\Delta x} = f'(x)$ 存在，由于分母的极限为 0，因此分子的极限必为 0．

由此可见，当 $\Delta x \to 0$ 时，$\Delta y \to 0$. 这就是说，函数 $y = f(x)$ 在点 x 处是连续的．

所以可导必连续，但连续却不一定可导．

例 3　证明函数 $f(x) = |x|$ 在点 $x = 0$ 处连续但不可导．

证明　事实上，$\lim\limits_{x \to 0} f(x) = \lim\limits_{x \to 0} |x| = 0 = f(0)$，故 $f(x)$ 在 $x = 0$ 处连续．又

$$f'_-(0) = \lim_{x \to 0^-} \frac{f(x) - f(0)}{x} = \lim_{x \to 0^-} \frac{|x| - 0}{x} = \lim_{x \to 0^-} \frac{-x}{x} = -1,$$

$$f'_+(0) = \lim_{x \to 0^+} \frac{f(x) - f(0)}{x} = \lim_{x \to 0^+} \frac{|x| - 0}{x} = \lim_{x \to 0^+} \frac{x}{x} = 1.$$

左、右导数存在但不相等，因此 $f'(0)$ 不存在，故 $f(x) = |x|$ 在 $x = 0$ 处不可导．

例 4　证明函数 $f(x) = \begin{cases} x \sin \dfrac{1}{x}, & x \neq 0, \\ 0, & x = 0 \end{cases}$ 在 $x = 0$ 处连续但不可导．

证明　事实上，$\lim\limits_{x \to 0} f(x) = \lim\limits_{x \to 0} x \sin \dfrac{1}{x} = 0 = f(0)$，故 $f(x)$ 在 $x = 0$ 处连续．又

$$极限 \lim_{x \to 0} \frac{f(x) - f(0)}{x} = \lim_{x \to 0} \frac{x \sin \dfrac{1}{x} - 0}{x} = \lim_{x \to 0} \sin \frac{1}{x}$$

不存在，因此 $f'(0)$ 不存在，故 $f(x)$ 在 $x = 0$ 处连续但不可导．

从导数的几何意义可以看出，函数在某一点连续，只要求函数在该点不间断；而函数在某一点可导，不仅要求函数在该点不间断，而且还要求函数在该点能作出一条唯一的不垂直于 x 轴的切线．

五、基本初等函数的导数

下面推导部分基本初等函数的导数.

1. 常数的导数 $c' = 0$

由于 $\Delta y = 0$,故 $c' = 0$.

2. 幂函数的导数 $(x^n)' = nx^{n-1}$

只对 n 为正整数时证明.

$$
(x^n)' = \lim_{\Delta x \to 0} \frac{(x + \Delta x)^n - x^n}{\Delta x} = \lim_{t \to x} \frac{t^n - x^n}{t - x}
$$

$$
= \lim_{t \to x}(t^{n-1} + xt^{n-2} + x^2 t^{n-3} + \cdots + x^{n-1}) = nx^{n-1}.
$$

进一步,还可以推广到一般的幂函数 $y = x^\alpha$(α 为实数),即 $(x^\alpha)' = \alpha x^{\alpha - 1}$. 利用这个公式,可以很方便地计算幂函数的导数. 例如

$$
(\sqrt{x})' = \frac{1}{2\sqrt{x}}, \quad (\sqrt[3]{x})' = (x^{\frac{1}{3}})' = \frac{1}{3} x^{-\frac{2}{3}} = \frac{1}{3\sqrt[3]{x^2}}, \quad \left(\frac{1}{x}\right)' = -\frac{1}{x^2}.
$$

3. 三角函数的导数

只求 $f(x) = \sin x$ 的导数.

$$
f'(x) = \lim_{h \to 0} \frac{f(x + h) - f(x)}{h} = \lim_{h \to 0} \frac{\sin(x + h) - \sin x}{h}
$$

$$
= \lim_{h \to 0} \frac{2\sin \dfrac{h}{2} \cos \dfrac{2x + h}{2}}{h}
$$

$$
= \lim_{h \to 0} \cos\left(x + \frac{h}{2}\right) \cdot \frac{\sin \dfrac{h}{2}}{\dfrac{h}{2}} = \cos x.
$$

同理,可得
$$
(\cos x)' = -\sin x.
$$

4. 对数函数的导数

$$
f(x) = \log_a x \, (a > 0, \, a \neq 1).
$$

$$
f'(x) = \lim_{h \to 0} \frac{f(x + h) - f(x)}{h} = \lim_{h \to 0} \frac{\log_a(x + h) - \log_a x}{h}
$$

$$
= \lim_{h \to 0} \frac{1}{h} \log_a\left(1 + \frac{h}{x}\right) = \frac{1}{x} \lim_{h \to 0} \log_a\left(1 + \frac{h}{x}\right)^{\frac{x}{h}}
$$

$$
= \frac{1}{x} \log_a \mathrm{e} = \frac{1}{x \ln a}
$$

即
$$(\log_a x)' = \frac{1}{x \ln a},$$

特别地,$(\ln x)' = \frac{1}{x}$.

利用导数定义,可以得出全部基本初等函数的导数公式:

(1) $(c)' = 0 (c$ 为常数$)$;

(2) $(x^a)' = a x^{a-1} (a$ 为任意常数$)$,特别地,$\left(\dfrac{1}{x}\right)' = -\dfrac{1}{x^2}$, $(\sqrt{x})' = \dfrac{1}{2\sqrt{x}}$;

(3) $(a^x)' = a^x \ln a \ (a > 0, a \neq 1)$,特别地,$(e^x)' = e^x$;

(4) $(\log_a x)' = \dfrac{1}{x \ln a} (a > 0, a \neq 1)$, 特别地,$(\ln x)' = \dfrac{1}{x}$;

(5) $(\sin x)' = \cos x$;

(6) $(\cos x)' = -\sin x$;

(7) $(\tan x)' = \dfrac{1}{\cos^2 x} = \sec^2 x$;

(8) $(\cot x)' = -\dfrac{1}{\sin^2 x} = -\csc^2 x$;

(9) $(\arcsin x)' = \dfrac{1}{\sqrt{1-x^2}}$;

(10) $(\arccos x)' = -\dfrac{1}{\sqrt{1-x^2}}$;

(11) $(\arctan x)' = \dfrac{1}{1+x^2}$;

(12) $(\operatorname{arccot} x)' = -\dfrac{1}{1+x^2}$.

3.2 求 导 法 则

前一节我们利用导数的定义,计算了几个基本初等函数的导数,但根据导数定义计算导数往往很复杂,有时甚至是行不通的.因此,必须建立导数运算的一般法则,使复杂函数求导问题变得简单.

一、函数的和、差、积、商的求导法则

定理 3.1 如果函数 $u(x)$ 及 $v(x)$ 都在点 x 处具有导数,则

(1) $[u(x) \pm v(x)]' = u'(x) \pm v'(x)$;

(2) $[u(x)v(x)]' = u'(x)v(x) + u(x)v'(x)$;

(3) $\left[\dfrac{u(x)}{v(x)}\right]' = \dfrac{u'(x)v(x) - u(x)v'(x)}{v^2(x)}$ $(v(x) \neq 0)$.

法则(1)、(2)可推广到有限个可导函数的情形:

$$(u_1 + u_2 + \cdots + u_n)' = u_1' + u_2' + \cdots + u_n';$$

$$(u_1 u_2 \cdots u_n)' = u_1' u_2 \cdots u_n + u_1 u_2' \cdots u_n + \cdots + u_1 u_2 \cdots u_n'.$$

特别地,有 $(cu)' = cu'$,c 为常数.

例 1 设 $y = 2x^3 - 5x^2 + 3x - 7$,求 y'.

解 $y' = (2x^3)' - (5x^2)' + (3x)' - (7)' = 6x^2 - 10x + 3$.

例 2 设 $y = e^x(\sin x + \cos x)$,求 y'.

解 $y' = (e^x)'(\sin x + \cos x) + e^x(\sin x + \cos x)'$

$\qquad = e^x(\sin x + \cos x) + e^x(\cos x - \sin x) = 2e^x \cos x$.

例 3 设 $y = \tan x$,求 y'.

解 $y' = (\tan x)' = \left(\dfrac{\sin x}{\cos x}\right)' = \dfrac{(\sin x)' \cos x - \sin x(\cos x)'}{\cos^2 x}$

$\qquad = \dfrac{\cos^2 x + \sin^2 x}{\cos^2 x} = \dfrac{1}{\cos^2 x} = \sec^2 x$,

即 $$(\tan x)' = \sec^2 x.$$

用同样的方法可以得到

$$(\cot x)' = -\csc^2 x.$$

二、反函数的求导法则

定理 3.2 如果函数 $x = f(y)$ 在某区间内单调、可导且 $f'(y) \neq 0$，则它的反函数 $y = f^{-1}(x)$ 在其对应的区间内也可导，且

$$[f^{-1}(x)]' = \frac{1}{f'(y)} \ \text{或} \ \frac{\mathrm{d}y}{\mathrm{d}x} = \frac{1}{\dfrac{\mathrm{d}x}{\mathrm{d}y}}.$$

例 4 $y = \arcsin x$，求 y'.

解 由 $y = \arcsin x$，得 $x = \sin y$，$y \in \left[-\dfrac{\pi}{2}, \dfrac{\pi}{2}\right]$，

则 $(\arcsin x)' = \dfrac{1}{(\sin y)'} = \dfrac{1}{\cos y}$.

又由于 $\cos y = \sqrt{1 - \sin^2 y} = \sqrt{1 - x^2}$，因此

$$(\arcsin x)' = \frac{1}{\sqrt{1 - x^2}}.$$

类似可得

$$(\arccos x)' = -\frac{1}{\sqrt{1 - x^2}}.$$

例 5 $y = \log_a x$，求 y'.

解 $x = a^y$ 与 $y = \log_a x$ 互为反函数，因此

$$(\log_a x)' = \frac{1}{(a^y)'} = \frac{1}{a^y \ln a} = \frac{1}{x \ln a}.$$

三、复合函数的求导法则

定理 3.3 如果 $u = g(x)$ 在点 x 可导，$y = f(u)$ 在 x 的对应点 u 可导，则复合函数 $y = f[g(x)]$ 在点 x 可导，且导数为

$$[f(g(x))]' = f'(u) \cdot g'(x) \ \text{或} \ \frac{\mathrm{d}y}{\mathrm{d}x} = \frac{\mathrm{d}y}{\mathrm{d}u} \cdot \frac{\mathrm{d}u}{\mathrm{d}x}.$$

这个定理说明,复合函数的导数等于复合函数对中间变量的导数乘以中间变量对自变量的导数.

例 6 求函数 $y = \sin 2x$ 的导数.

解 函数 $y = \sin 2x$ 可看作由函数 $y = \sin u$,$u = 2x$ 复合而成.因为 $\dfrac{\mathrm{d}y}{\mathrm{d}u} = \cos u$,$\dfrac{\mathrm{d}u}{\mathrm{d}x} = 2$,所以

$$\frac{\mathrm{d}y}{\mathrm{d}x} = \frac{\mathrm{d}y}{\mathrm{d}u} \cdot \frac{\mathrm{d}u}{\mathrm{d}x} = \cos u \cdot 2 = 2\cos 2x.$$

例 7 求函数 $y = \mathrm{e}^{x^3}$ 的导数.

解 函数 $y = \mathrm{e}^{x^3}$ 可看作由函数 $y = \mathrm{e}^u$,$u = x^3$ 复合而成.

因为 $$\frac{\mathrm{d}y}{\mathrm{d}u} = (\mathrm{e}^u)' = \mathrm{e}^u,\quad \frac{\mathrm{d}u}{\mathrm{d}x} = (x^3)' = 3x^2,$$

所以 $$\frac{\mathrm{d}y}{\mathrm{d}x} = \frac{\mathrm{d}y}{\mathrm{d}u} \cdot \frac{\mathrm{d}u}{\mathrm{d}x} = \mathrm{e}^u \cdot (3x^2) = 3x^2 \mathrm{e}^{x^3}.$$

对复合函数的分解比较熟练后,就不必写出中间变量,而采用心里默记复合过程,逐层求导的方法求出导数.

例 8 求下列函数的导数.

(1) $y = \sin \dfrac{x}{1+x^2}$; (2) $y = \sqrt[3]{1-2x^2}$;

(3) $y = \ln(x + \sqrt{1+x^2})$; (4) $y = \ln\sqrt{x^2+1} - x\arctan x$;

(5) $y = \arctan \dfrac{x+1}{x-1}$; (6) $y = \ln \dfrac{\sqrt{x}+1}{\sqrt{x}-1}$.

解 (1) $y' = \left(\sin \dfrac{x}{1+x^2}\right)' = \cos \dfrac{x}{1+x^2} \cdot \left(\dfrac{x}{1+x^2}\right)' = \cos \dfrac{x}{1+x^2} \cdot \dfrac{1+x^2-2x^2}{(1+x^2)^2}$

$\qquad = \cos \dfrac{x}{1+x^2} \cdot \dfrac{1-x^2}{(1+x^2)^2}.$

(2) $y' = (\sqrt[3]{1-2x^2})' = \dfrac{1}{3}(1-2x^2)^{-\frac{2}{3}}(1-2x^2)' = -\dfrac{4}{3}x(1-2x^2)^{-\frac{2}{3}}.$

(3) $y' = \dfrac{1}{x+\sqrt{1+x^2}}(x+\sqrt{1+x^2})'$

$\qquad = \dfrac{1}{x+\sqrt{1+x^2}}\left(1+\dfrac{2x}{2\sqrt{1+x^2}}\right) = \dfrac{1}{\sqrt{1+x^2}}.$

(4) $y = \ln \sqrt{x^2 + 1} - x \arctan x = \dfrac{1}{2} \ln(x^2 + 1) - x \arctan x$，

$$y' = \frac{1}{2} \frac{2x}{x^2 + 1} - \arctan x - \frac{x}{x^2 + 1} = -\arctan x.$$

(5) $y = \arctan \dfrac{x + 1}{x - 1}$，

$$y' = \frac{1}{1 + \left(\dfrac{x + 1}{x - 1}\right)^2} \cdot \left(\frac{x + 1}{x - 1}\right)' = \frac{(x - 1)^2}{2(1 + x^2)} \cdot \frac{(x - 1) - (x + 1)}{(x - 1)^2} = -\frac{1}{1 + x^2}.$$

(6) $y = \ln \dfrac{\sqrt{x} + 1}{\sqrt{x} - 1} = \ln(\sqrt{x} + 1) - \ln(\sqrt{x} - 1)$，

$$y' = \frac{1}{\sqrt{x} + 1}(\sqrt{x} + 1)' - \frac{1}{\sqrt{x} - 1}(\sqrt{x} - 1)' = \frac{1}{\sqrt{x} + 1} \cdot \frac{1}{2\sqrt{x}} - \frac{1}{\sqrt{x} - 1} \cdot \frac{1}{2\sqrt{x}}$$

$$= \left(\frac{1}{\sqrt{x} + 1} - \frac{1}{\sqrt{x} - 1}\right) \cdot \frac{1}{2\sqrt{x}} = \frac{-1}{\sqrt{x}(x - 1)}.$$

四、隐函数求导

函数 $y = \sqrt[3]{1 - x}$ 称为显函数，而 $\sin x + xy^3 - e^y = 0$ 称为隐函数.

一般地，方程 $F(x, y) = 0$ 可确定一个函数 $y = f(x)$ 或 $x = \varphi(y)$，称为由方程 $F(x, y) = 0$ 确定的隐函数.

在实际问题中，我们需要求变量 y 对变量 x 的导数 $y' = \dfrac{\mathrm{d}y}{\mathrm{d}x}$，一般情况下通过方程 $F(x, y) = 0$ 无法解出 $y = f(x)$ 或 $x = \varphi(y)$.

隐函数求导的方法是：方程的两端同时对 x 求导，遇到含有 y 的项，把 y 看作是 x 的复合函数，先对 y 求导，再乘以 y 对 x 的导数 y'，得到一个含有 y' 的方程式，然后从中解出 y' 即可.

例 9　设函数 $y = y(x)$ 是由方程 $e^y + xy - 1 = 0$ 确定的隐函数，求 y'.
解　两边对 x 求导数，得

$$e^y \cdot y' + y + xy' = 0,$$

解得

$$y' = -\frac{y}{x + e^y}.$$

例 10　设函数 $y = y(x)$ 由方程 $y^5 + 2y - x - 3x^7 = 0$ 确定，求 $\dfrac{\mathrm{d}y}{\mathrm{d}x}\bigg|_{x=0}$.

解　方程两边对 x 求导数,得

$$5y^4 \cdot y' + 2y' - 1 - 21x^6 = 0,$$

解得

$$y' = \frac{1 + 21x^6}{5y^4 + 2}.$$

由于 $x = 0$ 时,$y = 0$,故 $\dfrac{\mathrm{d}y}{\mathrm{d}x}\Big|_{x=0} = y'\big|_{x=0} = \dfrac{1}{2}.$

五、对数求导法

一般情况下,对于幂指函数 $y = u^v\,(u > 0)$,求 y' 时可以先在方程两边取对数,再两边对 x 求导,然后解出 y'.这种求导数的方法称为对数求导法.

例 11　求函数 $y = x^x\,(x > 0)$ 的导数.

解　此为幂指函数,不能直接对 y 求导,两边取对数

$$\ln y = x \ln x.$$

再对 x 求导数,得

$$\frac{1}{y} \cdot y' = \ln x + x \cdot \frac{1}{x} = \ln x + 1,$$

解得

$$y' = y \cdot (\ln x + 1) = x^x(\ln x + 1).$$

例 12　求函数 $y = \sqrt{\dfrac{(x-1)(x-2)}{(x-3)(x-4)}}$ 的导数.

解　本题虽不是隐函数,但乘积项多,求导不方便.两边取对数化成隐函数求导比较简单.

$$\ln y = \frac{1}{2}\big[\ln(x-1) + \ln(x-2) - \ln(x-3) - \ln(x-4)\big].$$

上式两边对 x 求导,得

$$\frac{1}{y}y' = \frac{1}{2}\left(\frac{1}{x-1} + \frac{1}{x-2} - \frac{1}{x-3} - \frac{1}{x-4}\right).$$

于是,$y' = \dfrac{y}{2}\left(\dfrac{1}{x-1} + \dfrac{1}{x-2} - \dfrac{1}{x-3} - \dfrac{1}{x-4}\right),$

即

$$y' = \frac{1}{2}\sqrt{\frac{(x-1)(x-2)}{(x-3)(x-4)}}\left(\frac{1}{x-1} + \frac{1}{x-2} - \frac{1}{x-3} - \frac{1}{x-4}\right).$$

3.3　高 阶 导 数

我们知道,变速直线运动的速度 $v(t)$ 是路程函数 $s(t)$ 对时间 t 的导数,即

$$v = s'(t).$$

而加速度 a 又是速度 v 对时间 t 的导数 $a = v'(t)$,故

$$a = v'(t) = [s'(t)]'.$$

$a = [s'(t)]'$ 称为 $s(t)$ 的二阶导数,记作 $s''(t)$.所以,直线运动的加速度就是路程函数 s 对时间 t 的二阶导数.

一般地,函数 $y = f(x)$ 的导数 $y' = f'(x)$ 仍然是 x 的函数,我们把 $y' = f'(x)$ 的导数叫做函数 $y = f(x)$ 的**二阶导数**,记作 y'' 或 $f''(x)$.

类似地,二阶导数的导数叫做三阶导数,三阶导数的导数叫做四阶导数,……,一般地,$(n-1)$ 阶导数的导数叫做 n 阶导数,分别记作

$$y''',\ y^{(4)},\ \cdots,\ y^{(n)}.$$

二阶及二阶以上的导数统称为**高阶导数**.

释疑解难

函数求导
法则

例 1　设函数 $y = x\arctan x - \ln\sqrt{1+x^2}$,求 y''.

解　$y = x\arctan x - \dfrac{1}{2}\ln(1+x^2)$,

则　$y' = \arctan x + \dfrac{x}{1+x^2} - \dfrac{x}{1+x^2} = \arctan x$,

$$y'' = \frac{1}{1+x^2}.$$

例 2　设函数 $y = \ln\sqrt{\dfrac{x^2+1}{x^2-1}}$,求 y''.

解　$y = \ln\sqrt{\dfrac{x^2+1}{x^2-1}} = \dfrac{1}{2}\left[\ln(x^2+1) - \ln(x^2-1)\right]$,

则　$y' = \dfrac{x}{x^2+1} - \dfrac{x}{x^2-1} = -\dfrac{2x}{x^4-1}$,

$$y'' = \left(-\frac{2x}{x^4-1}\right)' = \frac{6x^4+2}{(x^4-1)^2}.$$

例 3　设函数 $y = \sin x$，求 $y^{(n)}$.

解　$y = \sin x$，

则　　　$y' = \cos x = \sin\left(x + \frac{\pi}{2}\right)$，

$$y'' = -\sin x = \sin(x + \pi) = \sin\left(x + 2 \times \frac{\pi}{2}\right),$$

$$y''' = -\cos x = \sin\left(x + 3 \times \frac{\pi}{2}\right),$$

$$y^{(4)} = \sin x = \sin\left(x + 4 \times \frac{\pi}{2}\right).$$

由此递推得 $y^{(n)} = \sin\left(x + n \cdot \frac{\pi}{2}\right)$，即 $(\sin x)^{(n)} = \sin\left(x + n \cdot \frac{\pi}{2}\right)$.

用类似的方法，可得 $(\cos x)^{(n)} = \cos\left(x + n \cdot \frac{\pi}{2}\right)$.

例 4　设函数 $y = x e^x$，求 $y^{(n)}$.

解　$y' = (x e^x)' = e^x + x e^x = (x+1)e^x$，$y'' = [(x+1)e^x]' = e^x + (x+1)e^x = (x+2)e^x$，由此递推得 $y^{(n)} = (x+n)e^x$.

3.4 微 分

在许多实际问题中,常需要估计由于自变量的波动引起的函数值变化

$$\Delta y = f(x + \Delta x) - f(x).$$

一般来说,计算函数的改变量是不容易的,因此需要找到一个估计函数改变量的方法.

一、微分的概念

先看一个具体例子.

如图 3-2 所示,由某种材料构成的边长为 x_0 的正方形,由于热胀冷缩,边长从 x_0 增加到 $x_0 + \Delta x$ 时,那么其面积 S 的增量为

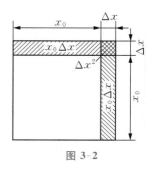

图 3-2

$$\Delta S = (x_0 + \Delta x)^2 - x_0^2 = 2x_0\Delta x + (\Delta x)^2.$$

ΔS 包含两部分,$2x_0\Delta x$ 和 $(\Delta x)^2$,由于 $(\Delta x)^2$ 是比 $2x_0\Delta x$ 高阶的无穷小,可忽略不计.这样当 Δx 很小时,$\Delta S \approx 2x_0\Delta x$,它是函数改变量的主要部分.

一般地,设函数 $y = f(x)$ 在点 x_0 处可导,则 $f'(x_0) = \lim\limits_{\Delta x \to 0} \dfrac{\Delta y}{\Delta x}$ 存在,那么

$$\frac{\Delta y}{\Delta x} = f'(x_0) + \alpha, \alpha \text{ 为 } \Delta x \to 0 \text{ 时的无穷小},$$

得 $$\Delta y = f'(x_0)\Delta x + \alpha \cdot \Delta x = f'(x_0)\Delta x + o(\Delta x).$$

由于 $o(\Delta x)$ 是 Δx 的高阶无穷小,可忽略不计,故得 $\Delta y \approx f'(x_0)\Delta x$.由此可得如下定义.

定义 3.2 设函数 $y = f(x)$ 在点 x_0 处可导,则函数改变量 Δy 的主要部分 $f'(x_0)\Delta x$ 称为函数 $y = f(x)$ 在点 x_0 处的**微分**,记作 $\mathrm{d}y\,|_{x=x_0}$,即 $\mathrm{d}y\,|_{x=x_0} = f'(x_0)\Delta x$.此时也称函数 $f(x)$ 在点 x_0 处**可微**,简称**可微**.

如果函数 $y = f(x)$ 在任意点 x 都可微,则 $y = f(x)$ 在任意点 x 的微分为

$$\mathrm{d}y = f'(x)\Delta x.$$

特别地,函数 $y = x$ 的微分为 $\mathrm{d}x = \Delta x$.因此,函数 $y = f(x)$ 的微分还可写为

$$\mathrm{d}y = f'(x)\mathrm{d}x.$$

例 1　求函数 $y = x^2$ 在点 $x = 1$ 处，当 $\Delta x = 0.02$ 时的微分.

解　$\mathrm{d}y = f'(x)\Delta x = 2x\Delta x$，$\mathrm{d}y \mid_{\Delta x = 0.02} = 2 \times 0.02 = 0.04.$

例 2　设函数 $y = \sin\sqrt{x}$，求 $\mathrm{d}y$.

解　$\mathrm{d}y = \mathrm{d}\sin\sqrt{x} = \dfrac{1}{2\sqrt{x}}\cos\sqrt{x}\,\mathrm{d}x.$

例 3　已知方程 $x^2 + y^2 = x\mathrm{e}^y$，求 $\mathrm{d}y$.

解　方程两边对 x 求导，得

$$2x + 2yy' = \mathrm{e}^y + x\mathrm{e}^y y'.$$

解得

$$y' = \frac{\mathrm{e}^y - 2x}{2y - x\mathrm{e}^y}.$$

则

$$\mathrm{d}y = y'\mathrm{d}x = \frac{\mathrm{e}^y - 2x}{2y - x\mathrm{e}^y}\mathrm{d}x.$$

二、微分运算法则

由于函数微分 $\mathrm{d}y = f'(x)\mathrm{d}x$，故微分的运算法则和求导运算法则是一致的.

1. 微分的四则运算

(1) $\mathrm{d}(u \pm v) = \mathrm{d}u \pm \mathrm{d}v$；　　　　(2) $\mathrm{d}(uv) = v\mathrm{d}u + u\mathrm{d}v$；

(3) $\mathrm{d}(cu) = c\mathrm{d}u$（$c$ 为常数）；　　(4) $\mathrm{d}\left(\dfrac{u}{v}\right) = \dfrac{v\mathrm{d}u - u\mathrm{d}v}{v^2}$（$v \neq 0$）.

2. 复合函数的微分法则

如果函数 $y = f(u)$ 与 $u = g(x)$ 都可导，则复合函数 $y = f[g(x)]$ 可微，而且

$$\mathrm{d}y = y'_x \mathrm{d}x = f'(u)g'(x)\mathrm{d}x.$$

由于 $\mathrm{d}u = g'(x)\mathrm{d}x$，因此 $\mathrm{d}y = f'(u)g'(x)\mathrm{d}x = f'(u)\mathrm{d}u$，即对于函数 $y = f(u)$，无论 u 是自变量还是中间变量，微分形式都是 $\mathrm{d}y = f'(u)\mathrm{d}u$，保持不变.

例 4　设函数 $y = \sin(2x + 1)$，求 $\mathrm{d}y$.

解　$\mathrm{d}y = \mathrm{d}\sin(2x + 1) = \cos(2x + 1)\mathrm{d}(2x + 1) = 2\cos(2x + 1)\mathrm{d}x.$

例 5　设函数 $y = \ln(1 + \mathrm{e}^{x^2})$，求 $\mathrm{d}y$.

解 $dy = d\ln(1 + e^{x^2}) = \dfrac{1}{1 + e^{x^2}}d(1 + e^{x^2}) = \dfrac{2x e^{x^2}}{1 + e^{x^2}}dx.$

例 6   设函数 $\arctan\dfrac{y}{x} = \ln\sqrt{x^2 + y^2}$，求 dy.

解   两边微分，得 $d\left(\arctan\dfrac{y}{x}\right) = d(\ln\sqrt{x^2 + y^2})$，

即
$$\frac{1}{1 + \left(\dfrac{y}{x}\right)^2}d\left(\frac{y}{x}\right) = \frac{1}{2}\,\frac{1}{x^2 + y^2}d(x^2 + y^2),$$

$$\frac{x^2}{x^2 + y^2}\cdot\frac{x\,dy - y\,dx}{x^2} = \frac{1}{2}\cdot\frac{2x\,dx + 2y\,dy}{x^2 + y^2},$$

解得
$$dy = \frac{x + y}{x - y}dx.$$

本题也可在方程两边求导，得出 $y' = \dfrac{x + y}{x - y}$，因而 $dy = \dfrac{x + y}{x - y}dx.$

三、微分在近似计算中的应用

如果函数 $y = f(x)$ 在点 x_0 处可导，且 $f'(x_0) \neq 0$，则当 $|\Delta x|$ 很小时，有
$$\Delta y \approx dy = f'(x_0)\Delta x.$$

因此
$$\Delta y = f(x_0 + \Delta x) - f(x_0) \approx f'(x_0)\Delta x,$$
$$或 f(x_0 + \Delta x) \approx f(x_0) + f'(x_0)\Delta x,$$

也可写为
$$f(x) \approx f(x_0) + f'(x_0)(x - x_0).$$

例 7   计算 $\sin 30°30'$ 的近似值.

解   由于
$$30°30' = \frac{\pi}{6} + \frac{\pi}{360}(弧度),$$

因此
$$\sin 30°30' = \sin\left(\frac{\pi}{6} + \frac{\pi}{360}\right) \approx \sin\frac{\pi}{6} + \cos\frac{\pi}{6} \times \frac{\pi}{360}$$

$$= \frac{1}{2} + \frac{\sqrt{3}}{2} \times \frac{\pi}{360} \approx 0.507\,6.$$

当 $|x - x_0|$ 很小时，$f(x) \approx f(x_0) + f'(x_0)(x - x_0)$. 特别地，取 $x_0 = 0$ 且 $|x|$ 很小时，有

$$f(x) \approx f(0) + f'(0)x.$$

由此可得,当 $|x|$ 很小时,有下列近似公式:

（1）$\sqrt[n]{1+x} \approx 1 + \dfrac{1}{n}x$;

（2）$\sin x \approx x$;

（3）$\tan x \approx x$;

（4）$\mathrm{e}^x \approx 1 + x$;

（5）$\ln(1+x) \approx x$.

例 8　计算 $\sqrt{1.05}$ 的近似值.

解　$\sqrt{1.05} = \sqrt{1+0.05} \approx 1 + \dfrac{1}{2} \times 0.05 = 1.025.$

3.5 典型例题详解

例 1 设函数 $y = f(x)$ 在点 x_0 处可导，则 $\lim\limits_{h \to 0} \dfrac{f(x_0 - 2h) - f(x_0)}{h} = ($ 　　$)$.

A. $f'(x_0)$ 　　　　B. $-f'(x_0)$ 　　　　C. $2f'(x_0)$ 　　　　D. $-2f'(x_0)$

解　选(D).

根据导数定义知，$f'(x_0) = \lim\limits_{h \to 0} \dfrac{f(x_0 - 2h) - f(x_0)}{-2h}$.

所以 $\lim\limits_{h \to 0} \dfrac{f(x_0 - 2h) - f(x_0)}{h} = -2f'(x_0)$.

例 2 设函数 $f(x) = x^2$，则 $\lim\limits_{x \to 2} \dfrac{f(x) - f(2)}{x - 2} = ($ 　　$)$.

A. $2x$ 　　　　B. 2 　　　　C. 1 　　　　D. 4

解　选(D).

$f'(x) = 2x$，则 $f'(2) = 4$.

根据导数定义知，$\lim\limits_{x \to 2} \dfrac{f(x) - f(2)}{x - 2} = f'(2) = 4$.

例 3 设 $f(x) = ax^2 + bx$ 在点 $x = 1$ 处可导，且 $f(1) = 0$，$f'(1) = 2$，则(　　).

A. $a = 2$，$b = -2$ 　　　　　　　　B. $a = 2$，$b = 2$

C. $a = -2$，$b = 2$ 　　　　　　　　D. $a = -2$，$b = -2$

解　选(A).

$f'(x) = 2ax + b$，由题设有 $a + b = 0$，$2a + b = 2$，解得 $a = 2$，$b = -2$.

例 4 曲线 $y = \dfrac{1}{2}(x + \sin x)$ 在点 $x = 0$ 处的切线方程是(　　).

A. $y = x$ 　　　　B. $y = -x$ 　　　　C. $y = x - 1$ 　　　　D. $y = -x - 1$

解　选(A).

$y' = \dfrac{1}{2}(1 + \cos x)$，则切线斜率为 $y'(0) = 1$，切点为 $(0, 0)$.

所求切线方程为 $y = x$.

例 5 设曲线 $y = \mathrm{e}^{1-x^2}$ 与直线 $x = -1$ 的交点为 P, 则曲线 $y = \mathrm{e}^{1-x^2}$ 在点 P 处的切线方程为( ).

A. $2x - y + 1 = 0$ B. $2x + y - 1 = 0$

C. $2x + y + 3 = 0$ D. $2x - y + 3 = 0$

解 选(D).

$y(-1) = \mathrm{e}^0 = 1$, 切点为 $(-1, 1)$.

$y' = -2x \mathrm{e}^{1-x^2}$, 切线斜率为 $y'(-1) = 2$.

所以切线方程为 $y - 1 = 2(x + 1)$, 即 $2x - y + 3 = 0$.

例 6 设曲线 $y = x^2 + x + 2$ 在 P 点的切线与直线 $4y + x + 1 = 0$ 垂直, 则该曲线在 P 点处的切线方程是( ).

A. $16x - 4y - 1 = 0$ B. $16x + 4y - 31 = 0$

C. $2x - 8y + 11 = 0$ D. $2x + 8y - 17 = 0$

解 选(A).

设点 $P(x_0, y_0)$, 直线 $4y + x + 1 = 0$ 的斜率为 $-\dfrac{1}{4}$, 则与之垂直的切线的斜率为 4.

又 $y' = 2x + 1$, 有 $2x_0 + 1 = 4$, 得 $x_0 = \dfrac{3}{2}$, 则 $y_0 = \dfrac{23}{4}$.

所以切线方程为 $y - \dfrac{23}{4} = 4\left(x - \dfrac{3}{2}\right)$, 即 $16x - 4y - 1 = 0$.

例 7 已知 $y = x \ln x$, 则 $y''' = ($).

A. $\dfrac{1}{x^2}$ B. $\dfrac{1}{x}$ C. $-\dfrac{1}{x^2}$ D. $\dfrac{2}{x^3}$

解 选(C).

$y' = 1 + \ln x$, 则 $y'' = \dfrac{1}{x}$, 所以 $y''' = -\dfrac{1}{x^2}$.

例 8 已知 $y = \sin x$, 则 $y^{(102)} = ($).

A. $\sin x$ B. $-\sin x$ C. $\cos x$ D. $-\cos x$

解 选(B).

$y' = \cos x$, $y'' = -\sin x$, $y''' = -\cos x$, $y^{(4)} = \sin x$.

可以看出 y 的 4 阶导数是原函数,

所以 $y^{(102)} = y'' = -\sin x$.

例 9 设 $y(x)$ 由方程 $xy^3+1=x^2+y^2$ 确定,则 $y'(1, 1)=($).

A. 2　　　　　B. -2　　　　　C. 1　　　　　D. -1

解 选(C).

方程两边同时对 x 求导,得 $y^3+3xy^2y'=2x+2yy'$.

将 $x=1$、$y=1$ 代入,即得 $y'(1, 1)=1$.

例 10 设 $y=\lg 2x$,则 $\mathrm{d}y=($).

A. $\dfrac{1}{x}\mathrm{d}x$　　　　B. $\dfrac{1}{2x}\mathrm{d}x$　　　　C. $\dfrac{1}{x\ln 10}\mathrm{d}x$　　　　D. $\dfrac{\ln 10}{x}\mathrm{d}x$

解 选(C).

$y=\lg 2x=\lg 2+\lg x$,所以 $\mathrm{d}y=y'\mathrm{d}x=\dfrac{1}{x\ln 10}\mathrm{d}x$.

例 11 设 $y=x^5+\mathrm{e}^x+5\sqrt[5]{x}+\ln 5-5$,求 y'.

分析 采用导数的四则运算法则,注意 $\sqrt[5]{x}=x^{\frac{1}{5}}$,$\ln 5$ 是常数.

解 $y'=5x^4+\mathrm{e}^x+5\cdot\dfrac{1}{5}x^{-\frac{4}{5}}+0-0=5x^4+\mathrm{e}^x+x^{-\frac{4}{5}}$.

例 12 已知 $y=(\sqrt[3]{x}-3)\left(\dfrac{1}{\sqrt[3]{x}}+3\right)$,求 y'.

分析 若直接利用导数的乘法法则求导,显然比较繁琐.可考虑对函数简化后,再进行求导,就会比较简单方便.

解 $y=(\sqrt[3]{x}-3)\left(\dfrac{1}{\sqrt[3]{x}}+3\right)=(x^{\frac{1}{3}}-3)(x^{-\frac{1}{3}}+3)=3x^{\frac{1}{3}}-3x^{-\frac{1}{3}}-8$,

$y'=x^{-\frac{2}{3}}+x^{-\frac{4}{3}}$.

例 13 已知 $y=\dfrac{1+x-x^2}{x}$,求 y'.

分析 直接利用导数的除法法则求导比较繁琐,可对函数简化后再求导.

解 $y=\dfrac{1+x-x^2}{x}=x^{-1}+1-x$,

$y'=-x^{-2}-1$.

例 14 已知 $y=\dfrac{\ln x}{x}$,求 y'.

解 $y'=\dfrac{(\ln x)'\cdot x-\ln x\cdot(x)'}{x^2}=\dfrac{1-\ln x}{x^2}$.

例 15 已知 $y = \sqrt{x^2 + 1}$，求 y'.

解 函数由 $y = t^{\frac{1}{2}}$，$t = x^2 + 1$ 复合而成，由复合函数求导法则有

$$\frac{\mathrm{d}y}{\mathrm{d}x} = \frac{\mathrm{d}y}{\mathrm{d}t} \cdot \frac{\mathrm{d}t}{\mathrm{d}x} = (t^{\frac{1}{2}})'_t \cdot (x^2 + 1)'_x = \frac{1}{2} t^{-\frac{1}{2}} \cdot 2x = \frac{x}{\sqrt{x^2 + 1}}.$$

例 16 设 $y = \sin^2 2x$，求 $y'(0)$.

解 函数由 $y = t^2$，$t = \sin u$，$u = 2x$ 复合而成，由复合函数求导法则有

$$\frac{\mathrm{d}y}{\mathrm{d}x} = \frac{\mathrm{d}y}{\mathrm{d}t} \cdot \frac{\mathrm{d}t}{\mathrm{d}u} \cdot \frac{\mathrm{d}u}{\mathrm{d}x} = (t^2)'_t \cdot (\sin u)'_u \cdot (2x)'_x$$

$$= 2t \cdot \cos u \cdot 2 = 2\sin 2x \cdot \cos 2x \cdot 2 = 4\sin 2x \cos 2x = 2\sin 4x.$$

所以 $y'(0) = 0$.

例 17 设 $y = \ln \sin x$，求 y'.

解 函数由 $y = \ln t$、$t = \sin x$ 复合而成，由复合函数求导法则有

$$y' = \frac{1}{t} \cdot \cos x = \frac{\cos x}{\sin x} = \cot x.$$

例 18 设函数 $f(x)$ 可导，求 $y = f^2(x)$ 的导数.

解 函数由 $y = t^2$，$t = f(x)$ 复合而成，由复合函数求导法则有

$$[f^2(x)]' = 2f(x) \cdot f'(x).$$

例 19 $y = \ln \dfrac{x^2 - 1}{x^2 + 1}$，求 y'.

解 $y = \ln(x^2 - 1) - \ln(x^2 + 1)$，

$$y' = \frac{2x}{x^2 - 1} - \frac{2x}{x^2 + 1} = \frac{4x}{x^4 - 1}.$$

例 20 方程 $xy - \mathrm{e}^x + \mathrm{e}^y = 0$ 确定函数 $y = f(x)$，求 y'.

解 方程两边同时对 x 求导，得

$$y + xy' - \mathrm{e}^x + \mathrm{e}^y \cdot y' = 0,$$

$$(\mathrm{e}^y + x) \cdot y' = \mathrm{e}^x - y.$$

所以 $y' = \dfrac{\mathrm{e}^x - y}{\mathrm{e}^y + x}$.

例 21　函数 $y = \left(\arctan \dfrac{x}{3} \right)^5$，求 $\mathrm{d}y$.

解　$y = \left(\arctan \dfrac{x}{3} \right)^5$ 由 $y = t^5$，$t = \arctan u$，$u = \dfrac{x}{3}$ 复合而成，则

$$y' = 5\left(\arctan \dfrac{x}{3} \right)^4 \cdot \dfrac{1}{1 + \left(\dfrac{x}{3} \right)^2} \cdot \dfrac{1}{3} = 15\left(\arctan \dfrac{x}{3} \right)^4 \cdot \dfrac{1}{9 + x^2}.$$

所以 $\mathrm{d}y = 15\left(\arctan \dfrac{x}{3} \right)^4 \cdot \dfrac{1}{9 + x^2}\mathrm{d}x.$

例 22　已知方程 $y\sin x + \mathrm{e}^y - x = 1$ 确定函数 $y = f(x)$，求 $y'\,|_{x=0}$.

解　当 $x = 0$ 时，$y = 0$.

方程两边同时对 x 求导，得

$$y'\sin x + y\cos x + \mathrm{e}^y \cdot y' - 1 = 0.$$

将 $x = 0$、$y = 0$ 代入即可得到 $y'\,|_{x=0} = 1$.

例 23　求曲线 $xy + \ln y = 1$ 在点 $P(1,1)$ 处的切线方程.

解　方程两边同时对 x 求导，得

$$y + xy' + \dfrac{1}{y} \cdot y' = 0.$$

将 $x = 1$、$y = 1$ 代入即可得点 $P(1,1)$ 处切线的斜率 $y'\,|_{x=1} = -\dfrac{1}{2}$.

所以点 $P(1,1)$ 处的切线方程为 $y - 1 = -\dfrac{1}{2}(x - 1)$，即 $x + 2y - 3 = 0$.

例 24　在曲线 $y = \sqrt{x}$ 上求一点 M，使过点 M 的切线与直线 $x - 2y + 5 = 0$ 平行，并求过点 M 的曲线的切线方程.

解　设点 $M(x_0,\,y_0)$，$y' = \dfrac{1}{2}x^{-\frac{1}{2}}$，所以过 M 点的切线斜率 $y'\,|_{x=x_0} = \dfrac{1}{2\sqrt{x_0}}$.

直线 $x - 2y + 5 = 0$ 的斜率为 $\dfrac{1}{2}$，切线与此直线平行，则两直线斜率相等，有 $\dfrac{1}{2\sqrt{x_0}} = \dfrac{1}{2}$，得 $x_0 = 1$、$y_0 = 1$，故点 M 坐标为 $(1,\,1)$.

过点 M 的曲线的切线方程为

$$y - 1 = \dfrac{1}{2}(x - 1)，即 \ x - 2y + 1 = 0.$$

练 习 题 三

1. 填空题.

(1) 设 $f'(0) = 2$,则 $\lim\limits_{x \to 0} \dfrac{f(2x) - f(0)}{x} =$ _____.

(2) 若函数 $f(x) = \cos(x^2)$,则 $f'(x) =$ _____.

(3) 若函数 $f(x) = x\cos x$,则 $f''(x) =$ _____.

(4) 若函数 $y = (x-1)x(x+1)(x+2)$,则 $y'(0) =$ _____.

(5) 由方程 $x^2 + 2xy - y^2 = 16$ 确定隐函数 $y = f(x)$,则 $\mathrm{d}y =$ _____.

(6) 设函数 $f(x) = \mathrm{e}^{\sqrt{x}}$,则 $\lim\limits_{\Delta x \to 0} \dfrac{f(1 + \Delta x) - f(1)}{\Delta x} =$ _____.

(7) 设函数 $y = x^3 + \ln(1 + x)$,则 $\mathrm{d}y =$ _____.

(8) 曲线 $y = \ln x + \mathrm{e}^x$ 在点 $(1, \mathrm{e})$ 处的切线方程是 _____.

2. 选择题.

(1) 设函数 $y = f(x)$ 是可微函数,则 $\mathrm{d}f(\cos 2x) = ($ 　　$)$.

A. $2f'(\cos 2x)\mathrm{d}x$ 　　　　　　B. $f'(\cos 2x)\sin 2x\mathrm{d}(2x)$

C. $2f'(\cos 2x)\sin 2x\mathrm{d}x$ 　　　　D. $-f'(\cos 2x)\sin 2x\mathrm{d}(2x)$

(2) 曲线 $y = \dfrac{1}{2}(x + \sin x)$ 在点 $(0, 0)$ 处的切线方程为 $($ 　　$)$.

A. $y = x$ 　　　　　　　　　　B. $y = -x$

C. $y = x - 1$ 　　　　　　　　D. $y = -x - 1$

(3) 设函数 $f(x) = x^x (x > 0)$,则 $f'(x) = ($ 　　$)$.

A. $x \cdot x^{x-1}$ 　　　　　　　B. $x^x \ln x$

C. 1 　　　　　　　　　　　D. $x^x (\ln x + 1)$

(4) 设函数 $f(x) = x^2$,则 $\lim\limits_{x \to 2} \dfrac{f(x) - f(2)}{x - 2} = ($ 　　$)$.

A. $2x$ 　　　　B. 2 　　　　C. 1 　　　　D. 4

(5) 设函数 $y = \ln 2 \mid x - 1 \mid$,则 $\mathrm{d}y = ($ 　　$)$.

A. $\dfrac{1}{x - 1}\mathrm{d}x$ 　　　　　　　B. $\dfrac{1}{2 \mid x - 1 \mid}\mathrm{d}x$

C. $\dfrac{1}{\mid x - 1 \mid}\mathrm{d}x$ 　　　　　D. $\dfrac{1}{(1 - x)}\mathrm{d}x$

(6) 若函数 $f(x)$ 在点 x_0 不连续,则下列结论中正确的是(　　).

A. $f(x)$ 在点 x_0 处无定义　　　　　　B. $f(x)$ 在点 x_0 处极限不存在

C. $f(x)$ 在点 x_0 处可导　　　　　　　D. $f(x)$ 在点 x_0 处不可导

(7) 设函数 $f(x) = \begin{cases} x^2 \sin \dfrac{1}{x}, & x \neq 0, \\ 0, & x = 0, \end{cases}$ 则在点 $x = 0$ 处 $f(x)$(　　).

A. 无定义　　　　　　　　　　　　　　B. 不连续

C. 连续且可导　　　　　　　　　　　　D. 连续不可导

(8) 设函数 $f(x)$ 为偶函数且在 $x = 0$ 处可导,则 $f'(0) = ($　　$)$.

A. 1　　　　　　　B. -1　　　　　　C. 0　　　　　　D. 以上都不对

3. 求下列函数的导数.

(1) $y = x^2 + \ln 2x + 3$;

(2) $y = x^2(\cos 2x + \sqrt{x})$;

(3) $y = \dfrac{1 - \sqrt{x}}{1 + \sqrt{x}}$;

(4) $y = \ln(1 + \sin x^2)$;

(5) $y = \arcsin \sqrt{x}$;

(6) $y = \sin \dfrac{x}{2} + \ln(x^2 + x)$;

(7) $y = \sqrt{\dfrac{1 - x^3}{1 + x^3}}$;

(8) $y = x^3 \arctan 2x$.

4. 求下列隐函数的导数.

(1) 设函数 $y = y(x)$ 是由方程 $e^{xy} + y^3 - 5x = 0$ 所确定的,试求 $\left.\dfrac{\mathrm{d}y}{\mathrm{d}x}\right|_{x=0}$.

(2) 设函数 $y = y(x)$ 是由方程 $xy = \ln(x^2 + y^2)$ 所确定的,试求 $\dfrac{\mathrm{d}y}{\mathrm{d}x}$.

(3) 设函数 $y = y(x)$ 是由方程 $x + y = x^y$ 所确定的隐函数 $y = y(x)$,试求 $\dfrac{\mathrm{d}y}{\mathrm{d}x}$.

(4) 已知方程 $x^3 + y^3 - 3xy = 1$,求 $\dfrac{\mathrm{d}y}{\mathrm{d}x}$.

5. 求下列函数的高阶导数.

(1) $y = 3x^2 + \cos x$, 求 y'';

(2) $y = \dfrac{\ln x}{x}$, 求 $y''(1)$;

(3) $y = x\mathrm{e}^{-x}$, 求 $y^{(n)}$;

（4）$y = x^2 \sin 2x$，求 y''；

（5）$f(x) = \ln \dfrac{1}{1-x}$，求 $f'''(0)$；

（6）$y = \arcsin(1-2x)$，求 y''．

6. 求下列函数的微分.

（1）$y = \cos x^2$，求 $\mathrm{d}y$；

（2）$y = x\mathrm{e}^x$，求 $\mathrm{d}y$；

（3）$y = x^{2x}$，求 $\mathrm{d}y$；

（4）$x^2 + \sin y - y\mathrm{e}^x = 1$，求 $\mathrm{d}y$；

（5）$y = \dfrac{1}{x + \cos x}$，求 $\mathrm{d}y$；

（6）$y = (\sin x - \cos x)\ln x$，求 $\mathrm{d}y$．

7. 解答题.

（1）已知函数 $f(x) = \begin{cases} x^2, & x \leqslant 1, \\ ax + b, & x > 1 \end{cases}$ 在 $x = 1$ 处可导，求 a、b 的值.

（2）已知函数 $f(x) = \begin{cases} \dfrac{\sqrt{1+x}-1}{\sqrt{x}}, & x > 0, \\ 0, & x \leqslant 0, \end{cases}$ 证明：$f(x)$ 在 $x = 0$ 处连续但不可导.

（3）试用微分证明：当 $|x|$ 很小时，$\sqrt[n]{1+x} \approx 1 + \dfrac{1}{n}x$，并由此计算 $\sqrt[3]{1.003}$ 的近似值.

参考答案

复习题三

复 习 题 三

1. 选择题.

(1) 函数 $y = 2 + \ln x$ 在点 $(1, 2)$ 处的切线方程是(　　).

A. $y = x - 1$　　　　　　　　　　　B. $y = x + 1$

C. $y = \dfrac{1}{x} - 1$　　　　　　　　　　D. $y = \dfrac{1}{x} + 1$

(2) 设函数 $y = \ln \dfrac{1}{x} - \ln 2$,则 $y' = ($　　$)$.

A. $x - \dfrac{1}{2}$　　　　　　　　　　B. $-\dfrac{1}{x} - \dfrac{1}{2}$

C. x　　　　　　　　　　　　　　D. $-\dfrac{1}{x}$

(3) 已知函数 $y = \sin x$,则 $y^{(10)} = ($　　$)$.

A. $\sin x$　　　　　　　　　　　　B. $\cos x$

C. $-\sin x$　　　　　　　　　　　D. $-\cos x$

(4) 设曲线 $y = \mathrm{e}^{2x}$,则 $y'' = ($　　$)$.

A. e^{2x}　　　　　　　　　　　　B. $2\mathrm{e}^{2x}$

C. $3\mathrm{e}^{2x}$　　　　　　　　　　　D. $4\mathrm{e}^{2x}$

(5) 曲线 $y = x\,\mathrm{e}^{y} + 1$ 在点 $(-1, 0)$ 处的切线方程为(　　).

A. $2x - y + 1 = 0$　　　　　　　B. $2x + y - 1 = 0$

C. $2x + y + 3 = 0$　　　　　　　D. $x - 2y + 1 = 0$

2. 填空题.

(1) $(x^{5} + \ln x)' = $ _____.

(2) $(x^{2}\mathrm{e}^{x})' = $ _____.

(3) $\left(\dfrac{x}{\ln x}\right)' = $ _____.

(4) 设 $f(x) = \ln(3x)$,则 $f'(x) = $ _____, $f'(2) = $ _____.

(5) 设函数 $y = \cos x^{2}$,则 $\dfrac{\mathrm{d}y}{\mathrm{d}x} = $ _____.

(6) 曲线 $y = \ln x + \mathrm{e}^{x-1}$ 在 $x = 1$ 处的切线方程是 _____.

(7) 设函数 $y = \ln x$,则 $y'' = $ _____.

(8) 设函数 $y = \sin\sqrt{x}$,则 $\mathrm{d}y = $ _____ .

(9) 设函数 $y = \mathrm{e}^{f(x)}$, $f(x)$ 为可导函数,则 $y' = $ _____ .

(10) 由方程 $x^2 + y^2 = \mathrm{e}$ 确定函数 $y(x)$,则 $\mathrm{d}y = $ _____ .

3. 计算题.

(1) $y = \dfrac{x^5 + \sqrt{x} + 1}{x^3}$,求 y' ;

(2) $y = x^2(\ln x + \sqrt{x})$,求 y' ;

(3) $y = \sqrt{x} + \cos x - 5$,求 $\mathrm{d}y$;

(4) $y = 3x^4 - \dfrac{1}{x^2} + \sin x$,求 y'' ;

(5) $y = 2\sin x + \dfrac{1}{2}\cos x$,求 $y'\big|_{x = \frac{\pi}{4}}$;

(6) $y = \dfrac{1}{x + \sin x}$,求 y' ;

(7) $y = x^3 \arctan 2x$,求 y' ;

(8) $y = \dfrac{1}{x + \cos x}$,求 $\mathrm{d}y$;

(9) $y = \mathrm{e}^{\sin \ln x}$,求 y' ;

(10) $y = \sin^2 2x$,求 $\mathrm{d}y$;

(11) $y = x^{\sin x}$,求 y' ;

(12) $y = x^y$,求 y' ;

(13) 由方程 $x + y - \mathrm{e}^{2x} + \mathrm{e}^y = 0$ 确定函数 $y(x)$,求 $\dfrac{\mathrm{d}y}{\mathrm{d}x}$;

(14) 由方程 $x^2 + y^2 - xy = 1$ 确定函数 $y(x)$,求 $\mathrm{d}y$;

(15) 由方程 $\mathrm{e}^{xy} + y^3 - x = 2$ 确定函数 $y(x)$,求 $\dfrac{\mathrm{d}y}{\mathrm{d}x}\bigg|_{x = 0}$.

第 4 章

导数的应用

在建立导数的概念之后,本章将首先介绍中值定理,并在此基础上学习利用导数求极限的方法——洛必达法则,利用导数来判断函数的单调性、曲线的凹凸性及求函数的极值、最值,最后介绍导数的其他应用.

4.1 中 值 定 理

罗尔定理、拉格朗日定理等微分中值定理,是利用导数解决实际问题时重要的理论依据.

定理 4.1(罗尔定理) 若函数 $y = f(x)$ 在闭区间 $[a, b]$ 上连续,在开区间 (a, b) 内可导,且 $f(a) = f(b)$,则在开区间 (a, b) 内至少存在一点 ξ,使得 $f'(\xi) = 0$.

罗尔定理的几何意义是:在满足条件的曲线弧上至少能找到一点 M,使其在该点的切线平行于 x 轴.

证明 因为 $f(x)$ 在闭区间 $[a, b]$ 上连续,故它在闭区间 $[a, b]$ 上必有最大值 M 与最小值 m.

若 $M = m$,则 $f(x)$ 在闭区间 $[a, b]$ 上恒为常数,所以 $f'(\xi) \equiv 0$,定理的结论显然成立.

否则,$M \neq m$,由于 $f(a) = f(b)$,故至少有一个最值在开区间 (a, b) 内取得.不妨设存在一点 $\xi \in (a, b)$ 使 $f(\xi) = M$ (图 4-1).因为 $f(x)$ 在点 ξ 处可导,从而有

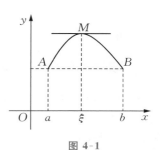

图 4-1

$$f'(\xi) = f'_-(\xi) = \lim_{x \to \xi^-} \frac{f(x) - f(\xi)}{x - \xi} \geqslant 0,$$

$$f'(\xi) = f'_+(\xi) = \lim_{x \to \xi^+} \frac{f(x) - f(\xi)}{x - \xi} \leqslant 0,$$

所以 $f'(\xi) = 0$.

定理 4.2(拉格朗日定理) 若函数 $f(x)$ 在闭区间 $[a, b]$ 上连续,在开区间 (a, b) 内可导,则至少存在一点 $\xi \in (a, b)$,使得

$$f'(\xi) = \frac{f(b) - f(a)}{b - a}.$$

拉格朗日定理的几何意义是:在满足条件的光滑曲线弧 $\overset{\frown}{AB}$ 上至少能找到一点 C,使其在该点的切线平行于弦 AB (图 4-2),因此

$$f'(\xi) = k_{AB} = \frac{f(b) - f(a)}{b - a}.$$

如果 $f(a) = f(b)$,那么 $f'(\xi) = \dfrac{f(b) - f(a)}{b - a} = 0$,这样

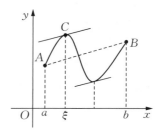

图 4-2

就变成罗尔定理了,因此罗尔定理是拉格朗日定理的特例.

显然,若函数 $f(x)$ 在区间 I 上的导数恒为零,则 $f(x)$ 在区间 I 上是一个常数.

事实上,在区间 I 上任取两点 x_1、x_2,且 $x_1 < x_2$,在 $[x_1, x_2]$ 上应用拉格朗日定理,有 $f(x_2) - f(x_1) = f'(\xi)(x_2 - x_1)(x_1 < \xi < x_2)$,由题设知,$f'(\xi) = 0$,所以有 $f(x_2) - f(x_1) = 0$,即 $f(x_1) = f(x_2)$,由 x_1、x_2 的任意性,得 $f(x)$ 在 I 上为常数.

例 1　已知函数 $f(x) = (x-1)(x-2)(x-3)$,说明方程 $f'(x) = 0$ 有几个实根,并指出它们各自所在的区间.

解　显然 $f(x)$ 在 $(-\infty, +\infty)$ 上连续且可导,$f(1) = f(2) = f(3) = 0$. 故在区间 $[1, 2]$ 与 $[2, 3]$ 上 $f(x)$ 满足罗尔定理条件,从而方程 $f'(x) = 0$ 在 $(1, 2)$ 及 $(2, 3)$ 内至少各有一个根.又 $f'(x)$ 为二次多项式,所以方程 $f'(x) = 0$ 只能有两个根.

例 2　证明当 $x > 0$ 时,$\dfrac{x}{x+1} < \ln(1+x) < x$.

证明　设 $f(x) = \ln(1+x)$,显然,$f(x)$ 在 $[0, x]$ 上满足拉格朗日定理的条件,有

$$f(x) - f(0) = f'(\xi)(x - 0)(0 < \xi < x), \quad \ln(x+1) = \frac{x}{1+\xi}.$$

由于 $0 < \xi < x$,所以 $\dfrac{x}{x+1} < \dfrac{x}{1+\xi} < x$,即 $\dfrac{x}{1+x} < \ln(1+x) < x$.

4.2　洛必达法则

我们知道,两个函数 $f(x)$ 与 $g(x)$ 都趋于零或者都趋于无穷大时,极限 $\lim\limits_{x \to x_0} \dfrac{f(x)}{g(x)}$ 可能存在,也可能不存在.通常把这种极限叫做未定式,并简记为"$\dfrac{0}{0}$"型或"$\dfrac{\infty}{\infty}$"型.本节将介绍求未定式的一种有效方法——洛必达法则.

定理 4.3　设函数 $f(x)$,$g(x)$ 满足:

(1) $\lim\limits_{x \to x_0} f(x) = \lim\limits_{x \to x_0} g(x) = 0$ 或 $\lim\limits_{x \to x_0} f(x) = \lim\limits_{x \to x_0} g(x) = \infty$;

(2) 在 x_0 附近 $f(x)$、$g(x)$ 都可导,且 $g'(x) \neq 0$;

(3) $\lim\limits_{x \to x_0} \dfrac{f'(x)}{g'(x)} = A$(或为 ∞).

则　$\lim\limits_{x \to x_0} \dfrac{f(x)}{g(x)} = \lim\limits_{x \to x_0} \dfrac{f'(x)}{g'(x)} = A$(或 ∞).

洛必达法则的实质就是通过对分子分母分别求导,使得原来极限脱离"$\dfrac{0}{0}$"或"$\dfrac{\infty}{\infty}$"状态,进而求出该极限.

例 1　求极限 $\lim\limits_{x \to 0} \dfrac{\sin 2x}{\sin 5x}$.

解　$\lim\limits_{x \to 0} \dfrac{\sin 2x}{\sin 5x} = \lim\limits_{x \to 0} \dfrac{(\sin 2x)'}{(\sin 5x)'} = \lim\limits_{x \to 0} \dfrac{2\cos 2x}{5\cos 5x} = \dfrac{2}{5}$.

在使用洛必达法则时,如发现 $\lim\limits_{x \to x_0} \dfrac{f'(x)}{g'(x)}$ 还未脱离"$\dfrac{0}{0}$"或"$\dfrac{\infty}{\infty}$"状态,则可继续使用洛必达法则进行求解,直到脱离"$\dfrac{0}{0}$"或"$\dfrac{\infty}{\infty}$"状态为止.

例 2　求极限 $\lim\limits_{x \to 0} \dfrac{x - \sin x}{x^3}$.

解　$\lim\limits_{x \to 0} \dfrac{x - \sin x}{x^3} = \lim\limits_{x \to 0} \dfrac{1 - \cos x}{3x^2} = \lim\limits_{x \to 0} \dfrac{\sin x}{6x} = \dfrac{1}{6}$.

例 3　求极限 $\lim\limits_{x \to 0} \dfrac{(1+x)^\lambda - 1}{x}$($\lambda$ 为任意实数).

解 $\lim\limits_{x \to 0} \dfrac{(1+x)^\lambda - 1}{x} = \lim\limits_{x \to 0} \dfrac{\lambda(1+x)^{\lambda-1}}{1} = \lambda.$

例 4 求极限 $\lim\limits_{x \to +\infty} x\left(\dfrac{\pi}{2} - \arctan x\right).$

解 原式不是分式,要化为分式,使之符合洛必达法则模型.

$$\lim\limits_{x \to +\infty} x\left(\dfrac{\pi}{2} - \arctan x\right) = \lim\limits_{x \to +\infty} \dfrac{\dfrac{\pi}{2} - \arctan x}{\dfrac{1}{x}} = \lim\limits_{x \to +\infty} \dfrac{-\dfrac{1}{1+x^2}}{-\dfrac{1}{x^2}} = \lim\limits_{x \to +\infty} \dfrac{x^2}{1+x^2} = 1.$$

例 5 求极限 $\lim\limits_{x \to 0} \dfrac{e^x - x - 1}{x \sin x}.$

解 $\lim\limits_{x \to 0} \dfrac{e^x - x - 1}{x \sin x} = \lim\limits_{x \to 0} \dfrac{e^x - x - 1}{x^2} = \lim\limits_{x \to 0} \dfrac{e^x - 1}{2x}$

$$= \lim\limits_{x \to 0} \dfrac{e^x}{2} = \dfrac{1}{2}.$$

“$\dfrac{0}{0}$”型和“$\dfrac{\infty}{\infty}$”型是未定式的两种最基本类型,其他类型的未定式还有:$0 \cdot \infty$型、$\infty - \infty$型、0^0型、1^∞型、∞^0型等.一般都可以通过适当的方法化为“$\dfrac{0}{0}$”型或“$\dfrac{\infty}{\infty}$”型未定式来计算.

例 6 求极限 $\lim\limits_{x \to 0^+} (x \ln x).$

解 $\lim\limits_{x \to 0^+} (x \ln x) = \lim\limits_{x \to 0^+} \dfrac{\ln x}{\dfrac{1}{x}} = \lim\limits_{x \to 0^+} \dfrac{\dfrac{1}{x}}{-\dfrac{1}{x^2}} = \lim\limits_{x \to 0^+} (-x) = 0.$

例 7 求极限 $\lim\limits_{x \to 0} \left(\dfrac{1}{e^x - 1} - \dfrac{1}{x}\right).$

解 $\lim\limits_{x \to 0} \left(\dfrac{1}{e^x - 1} - \dfrac{1}{x}\right) = \lim\limits_{x \to 0} \dfrac{x - e^x + 1}{x(e^x - 1)} = \lim\limits_{x \to 0} \dfrac{x - e^x + 1}{x e^x - x} = \lim\limits_{x \to 0} \dfrac{1 - e^x}{x e^x + e^x - 1}$

$$= \lim\limits_{x \to 0} \dfrac{-e^x}{x e^x + 2 e^x} = \dfrac{-1}{0 + 2} = -\dfrac{1}{2}.$$

注:在使用洛必达法则时,如果遇到 $\lim \dfrac{f'(x)}{g'(x)}$ 既不是有限数也不是无穷大,不能断定原极限 $\lim \dfrac{f(x)}{g(x)}$ 也不存在,只是这时不能用洛必达法则,而需要用其他的方法来求 $\lim \dfrac{f(x)}{g(x)}$.

例 8　求极限 $\lim\limits_{x \to \infty} \dfrac{x + \sin x}{x + \cos x}$.

解　此题为"$\dfrac{\infty}{\infty}$"型,由于 $\lim\limits_{x \to \infty} \dfrac{(x + \sin x)'}{(x + \cos x)'} = \lim\limits_{x \to \infty} \dfrac{1 + \cos x}{1 - \sin x}$,极限不是有限数,也不是无穷大,因而不能用洛必达法则.由于 $x \to \infty$ 时,$\dfrac{1}{x}$ 为无穷小,$\sin x$、$\cos x$ 是有界函数,故

$$\lim\limits_{x \to \infty} \dfrac{x + \sin x}{x + \cos x} = \lim\limits_{x \to \infty} \dfrac{1 + \sin x \cdot \dfrac{1}{x}}{1 + \cos x \cdot \dfrac{1}{x}} = 1.$$

4.3　函数的单调性与极值

在高中数学中,我们曾学过利用单调性的定义或函数的图像来判断函数的单调性.但是对于较复杂的函数,利用这些方法判断是非常困难的.本节我们介绍利用导数来判断函数单调性的方法,并在此基础上求函数的极值与最值.

动画

函数单调性
的几何分析

一、函数单调性的判定

如果函数 $y=f(x)$ 在 $[a,b]$ 上单调增加,其图像是一条沿 x 轴正向上升的曲线,曲线在各点处的切线斜率是非负的(图 4-3);如果函数 $y=f(x)$ 在 $[a,b]$ 上单调减少,其图像是一条沿 x 轴正向下降的曲线,曲线在各点处的切线斜率是非正的(图 4-4).

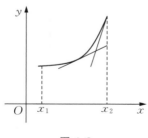

图 4-3

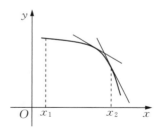

图 4-4

由此可见,函数的单调性与导数的符号有着密切的关系.我们很自然地就想到,是否可以用导数的符号来判定函数的单调性呢? 下面的定理给出了肯定的回答.

定理 4.4　设函数 $f(x)$ 在 $[a,b]$ 上连续,在 (a,b) 内可导.

(1) 若在 (a,b) 内 $f'(x)>0$,则函数 $y=f(x)$ 在 $[a,b]$ 上单调增加;

(2) 若在 (a,b) 内 $f'(x)<0$,则函数 $y=f(x)$ 在 $[a,b]$ 上单调减少.

证明　(1) 在 $[a,b]$ 上任取两点 x_1、x_2 ($x_1<x_2$).在 $[x_1,x_2]$ 上应用拉格朗日定理,得

$$f(x_2)-f(x_1)=f'(\xi)(x_2-x_1)\quad(x_1<\xi<x_2).$$

如果 $f'(x)>0$,那么有 $f'(\xi)>0$.于是

$$f(x_2)-f(x_1)=f'(\xi)(x_2-x_1)>0.$$

所以 $f(x_1)<f(x_2)$,即函数 $f(x)$ 在 $[a,b]$ 上单调增加.

类似地,可以证明 $f'(x) < 0$ 的情形.

例 1 讨论 $f(x) = x^3 - 6x^2 + 9x + 3$ 的单调性.

解 该函数的定义域为 $(-\infty, +\infty)$.

$$f'(x) = 3x^2 - 12x + 9 = 3(x - 1)(x - 3).$$

令 $f'(x) = 0$,解得 $x_1 = 1$,$x_2 = 3$,列表讨论如下:

x	$(-\infty, 1)$	$(1, 3)$	$(3, +\infty)$
$f'(x)$	$+$	$-$	$+$
$f(x)$	↗	↘	↗

由表可知,函数 $f(x)$ 在 $(-\infty, 1)$ 和 $(3, +\infty)$ 上单调增加,在 $[1, 3]$ 上单调减少.

例 2 确定函数 $f(x) = \sqrt[3]{x^2}$ 的单调区间.

解 该函数的定义域为 $(-\infty, +\infty)$,$f'(x) = \dfrac{2}{3\sqrt[3]{x}}$.

易见,当 $x = 0$ 时,函数的导数不存在,在 $(-\infty, +\infty)$ 内,函数的导数没有等于零的点.列表讨论如下:

x	$(-\infty, 0)$	$(0, +\infty)$
$f'(x)$	$-$	$+$
$f(x)$	↘	↗

由表可知,函数 $f(x)$ 在 $(-\infty, 0]$ 上单调减少,在 $[0, +\infty)$ 上单调增加.

利用函数的单调性,还可以证明一些不等式.

例 3 证明当 $x > 1$ 时,$2\sqrt{x} > 3 - \dfrac{1}{x}$.

证明 令 $f(x) = 2\sqrt{x} - \left(3 - \dfrac{1}{x}\right)$,

则
$$f'(x) = \frac{1}{\sqrt{x}} - \frac{1}{x^2} = \frac{1}{x^2}(x\sqrt{x} - 1).$$

在 $(1, +\infty)$ 内,$f'(x) > 0$,因此函数 $f(x)$ 在 $[1, +\infty)$ 上单调增加

从而当 $x > 1$ 时,$f(x) > f(1)$,也就是 $2\sqrt{x} - \left(3 - \dfrac{1}{x}\right) > 0$,即 $2\sqrt{x} > 3 - \dfrac{1}{x}(x > 1)$.

二、函数的极值及其求法

定义 4.1　设函数 $f(x)$ 在区间 (a, b) 内有定义,x_0 是 (a, b) 内一点.如果对 x_0 附近所有有定义的点都有 $f(x) < f(x_0)$(或 $f(x) > f(x_0)$)),就称 $f(x_0)$ 是函数 $f(x)$ 的一个**极大值**(或**极小值**).函数的极大值与极小值统称为**函数的极值**,使函数取得极值的点称为**极值点**.

函数的极值与极值点如图 4-5、图 4-6 所示.

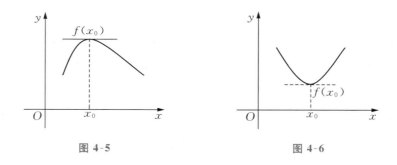

图 4-5　　　　　　　　图 4-6

函数的极值是局部性概念.如果 $f(x_0)$ 是函数 $f(x)$ 的一个极大值,只意味着在 x_0 的附近 $f(x_0)$ 是一个最大值,而对于 $f(x)$ 的整个定义域来说,$f(x_0)$ 不一定是最大值,甚至可能比极小值还小.如图 4-7 所示,$f(x_4)$ 是函数的一个极大值,而 $f(x_1)$ 是函数的一个极小值,但 $f(x_4)$ 显然小于 $f(x_1)$.

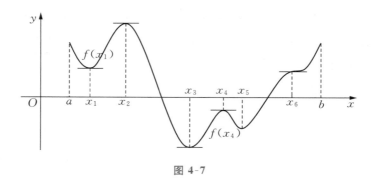

图 4-7

函数的极值点实质上就是函数升降的分界点,因此有:

定理 4.5(极值的必要条件)　若函数 $f(x)$ 在点 x_0 处取得极值,则 $f'(x_0) = 0$ 或 $f'(x_0)$ 不存在.

将函数的一阶导数为零的点称为驻点.因此,驻点和不可导点都有可能是函数的极值点.

定理 4.6(极值存在的第一充分条件) 设函数 $f(x)$ 在点 x_0 及其附近连续且可导 (在 x_0 处可以不可导),且在 x_0 的两边导数值异号,则 $f(x)$ 在点 x_0 必取得极值.具体表述如下:

(1) 若 $f'(x)$ 由正变负,则 $f(x_0)$ 是函数 $f(x)$ 的极大值;

(2) 若 $f'(x)$ 由负变正,则 $f(x_0)$ 是函数 $f(x)$ 的极小值;

(3) 如果在 x_0 的左、右两侧 $f'(x)$ 符号相同,则 $f(x_0)$ 不是极值.

由定理 4.6 我们可以总结出求函数 $y = f(x)$ 的极值的一般步骤:

(1) 求出函数 $f(x)$ 的定义域;

(2) 求出函数 $f(x)$ 的导数 $f'(x)$;

(3) 求出函数 $f(x)$ 的全部驻点和不可导点;

(4) 用上述驻点和不可导点将函数 $f(x)$ 的定义域分成若干区间,列表讨论在每个区间上 $f'(x)$ 的符号和函数的增减.再根据定理 4.6 确定上述驻点和不可导点是否是极值点,若是,则进一步判断该点是极大值点还是极小值点,求出该点的函数值即为函数的极值.

动画

极值存在的
充分条件

例 4 求函数 $f(x) = x^2 e^x$ 的极值.

解 (1) $f(x)$ 的定义域为 $(-\infty, +\infty)$;

(2) $f'(x) = 2x e^x + x^2 e^x = x e^x(2 + x)$;

(3) 令 $f'(x) = 0$,得驻点 $x_1 = -2$, $x_2 = 0$,无不可导点;

(4) 用驻点 $x_1 = -2$, $x_1 = 0$ 划分 $f(x)$ 的定义域 $(-\infty, +\infty)$,列表如下:

x	$(-\infty, -2)$	-2	$(-2, 0)$	0	$(0, +\infty)$
$f'(x)$	$+$	0	$-$	0	$+$
$f(x)$	↗	极大值 $\dfrac{4}{e^2}$	↘	极小值 0	↗

所以函数 $f(x) = x^2 e^x$ 的极大值为 $f(-2) = \dfrac{4}{e^2}$,极小值为 $f(0) = 0$.

定理 4.7(极值存在的第二充分条件) 设函数 $f(x)$ 在点 x_0 处具有二阶导数,且 $f'(x_0) = 0$, $f''(x_0) \neq 0$.

(1) 若 $f''(x_0) < 0$,则 $f(x_0)$ 是函数 $f(x)$ 的极大值;

(2) 若 $f''(x_0) > 0$,则 $f(x_0)$ 是函数 $f(x)$ 的极小值.

定理 4.7 表明,在函数 $f(x)$ 的驻点 x_0 处如果二阶导数 $f''(x_0) \neq 0$,则该驻点一定是极值点,且可根据 $f''(x_0)$ 的符号判定是极大值还是极小值.

注:以下三种情况下不能使用第二充分条件,必须使用第一充分条件进行判别:

(1) $f'(x_0)$ 不存在;(2) $f''(x_0) = 0$;(3) $f''(x_0)$ 不存在.

例 5　求函数 $f(x) = x + e^{-x}$ 的极值.

解　函数 $f(x)$ 的定义域为 $(-\infty, +\infty)$，$f'(x) = 1 - e^{-x}$，$f''(x) = e^{-x}$.

令 $f'(x) = 0$，得驻点 $x = 0$，又 $f''(0) = 1 > 0$，

所以，由定理 4.7 得，$x = 0$ 是函数 $f(x)$ 的极小值点，$f(x)$ 的极小值为 $f(0) = 1$.

例 6　设方程 $x^3 - 3x + k = 0$ 恰有两个实根，求 k 的取值.

解　令 $f(x) = x^3 - 3x + k$，$f'(x) = 3x^2 - 3 = 3(x-1)(x+1)$，显然，函数在 $x_1 = -1$ 处取得极大值，在 $x_2 = 1$ 处取得极小值，当函数的极大值点或极小值点在 x 轴上时，函数曲线恰好过 x 轴两次，也就是方程 $x^3 - 3x + k = 0$ 恰有两个实根，故 $f(1) = 0$ 或 $f(-1) = 0$，$k = 2$ 或 $k = -2$.

三、函数的最值

我们知道，闭区间 $[a, b]$ 上的连续函数 $f(x)$ 一定存在最大值和最小值，最大值和最小值可能在区间内取得，也可能在区间的端点取得.如果最大值不在区间的端点取得，则必在开区间 (a, b) 内取得.在这种情况下，最大值一定是函数的某个极大值.从而，函数在闭区间 $[a, b]$ 上的最大值一定是函数在 (a, b) 内的所有极大值和区间端点处的函数值 $f(a)$ 和 $f(b)$ 中的最大者.同理，函数在闭区间 $[a, b]$ 上的最小值一定是函数在 (a, b) 内的所有极小值、$f(a)$ 和 $f(b)$ 中的最小者.

因此，要求一个函数 $f(x)$ 在闭区间 $[a, b]$ 上的最值可以按如下方法进行：

(1) 求出函数 $f(x)$ 在 (a, b) 内的所有可能的极值点(即驻点和不可导点)：

$$x_1, x_2, \cdots, x_n;$$

(2) 求出这些驻点和不可导点以及闭区间 $[a, b]$ 端点处的函数值：

$$f(x_1), f(x_2), \cdots, f(x_n), f(a), f(b);$$

(3) 比较 $f(a)$、$f(x_1)$、$f(x_2)$、$\cdots$、$f(x_n)$、$f(b)$ 的大小，其中最大者就是 $f(x)$ 在闭区间 $[a, b]$ 上的最大值，最小者就是 $f(x)$ 在 $[a, b]$ 上的最小值.

例 7　求函数 $y = 2x^3 + 3x^2 - 12x + 14$ 在 $[-3, 4]$ 上的最大值和最小值.

解　$f'(x) = 6(x+2)(x-1)$，令 $f'(x) = 0$，得 $x_1 = -2$，$x_2 = 1$.

由于 $f(-3) = 23$，$f(-2) = 34$，$f(1) = 7$，$f(4) = 142$，比较，得最大值 $f(4) = 142$，最小值 $f(1) = 7$.

显然，若函数 $f(x)$ 在 $[a, b]$ 上连续且单调增加，则 $f(a)$ 是最小值，$f(b)$ 是最大值；若 $f(x)$ 在 $[a, b]$ 上连续且单调减少，则 $f(a)$ 是最大值，$f(b)$ 是最小值.

例 8　求函数 $f(x) = \arctan x$ 在 $[0, 1]$ 上的最值.

解　因为 $f'(x) = \dfrac{1}{1+x^2} > 0,\ x \in (-\infty, +\infty),$

所以函数 $f(x)$ 在 $[0, 1]$ 上单调增加 (图 4-8).

故最小值为 $f(0) = 0$, 最大值为 $f(1) = \dfrac{\pi}{4}$.

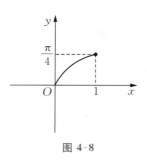

图 4-8

在有些实际问题中, 我们根据其实际意义就可以断定函数 $f(x)$ 确有最大值或最小值, 而且一定在其定义区间内取得. 此时如果 $f(x)$ 在定义区间内只有唯一驻点 x_0, 那么就不必讨论 $f(x_0)$ 是否是极值, 而直接判定 $f(x_0)$ 是最大值或最小值.

例 9　欲用铁皮制作一个体积为 V 的圆柱形有盖铁桶, 应如何设计其底面半径和高才能使用料最省?

解　用料最省也就是使铁桶的表面积最小.

设铁桶底面半径为 r, 高为 h, 表面积为 S, 则

$$S = 2\pi r^2 + 2\pi rh.$$

因为 $V = \pi r^2 h,$

所以将 $h = \dfrac{V}{\pi r^2}$ 代入上式, 得

$$S = 2\pi r^2 + \frac{2V}{r}, \text{显然 } 0 < r < V.$$

这样, 问题就转化为求目标函数 $S = 2\pi r^2 + \dfrac{2V}{r}$ 在 $(0, V)$ 上的最小值.

求 S 对 r 的导数: $S' = 4\pi r - \dfrac{2V}{r^2}.$

令 $S' = 0$, 得唯一驻点 $r = \sqrt[3]{\dfrac{V}{2\pi}}.$

由问题的实际意义知, S 在 $(0, V)$ 内必有最小值, 故最小值必在该唯一驻点 $r = \sqrt[3]{\dfrac{V}{2\pi}}$

处取得. 将 $r = \sqrt[3]{\dfrac{V}{2\pi}}$ 代入 $h = \dfrac{V}{\pi r^2}$ 中, 得 $h = 2\sqrt[3]{\dfrac{V}{2\pi}} = 2r$, 即当高 h 是底面半径 r 的两倍且

$r = \sqrt[3]{\dfrac{V}{2\pi}}$ 时, 用料最省.

例 10　某工厂 A 与铁路的垂直距离 $AD = 21\,\text{km}$, D 到 B 城的距离为 $100\,\text{km}$, 欲将

工厂 A 的产品运到 B 城,已知公路运费为 10 元/km,铁路运费为 8 元/km,需要在铁路 C 处修建一个转运站,问 C 建在何处,才能使运费最少? 最少运费是多少?

解 令 $DC=x$(km),则 $AC=\sqrt{x^2+21^2}$,$CB=100-x$,再设总运费是 y(元). 依题意,得

$$y=10\sqrt{x^2+21^2}+8(100-x)(0\leqslant x\leqslant 100).$$

问题就归结为求函数 $y=f(x)$ 在 $[0,100]$ 上的最小值点.

可算出 $y'=\dfrac{10x}{\sqrt{x^2+21^2}}-8$,令 $y'=0$,解得 $x=28$(负值舍去).在区间 $[0,100]$ 内, $y(x)$ 只有一个驻点 $x=28$,也就是所求的最小值点.因此,当 $x=28\,\text{km}$ 时,才能使总运费 最小.这时总运费为

$$y\,|_{x=28}=10\sqrt{28^2+21^2}+8\times(100-28)=926(\text{元}).$$

4.4 函数图形的描绘

一、曲线的凹凸性与拐点

动画

曲线的凹凸性

定义 4.2 设函数 $f(x)$ 在区间 I 上连续. 如果在区间 I 上, 曲线 $y = f(x)$ 总位于其任意一点的切线的上方, 则称曲线 $y = f(x)$ 在区间 I 上是**凹的**(图 4-9); 如果在区间 I 上曲线 $y = f(x)$ 总位于其任意一点的切线的下方, 则称曲线 $f(x)$ 在区间 I 上是**凸的**(图 4-10).

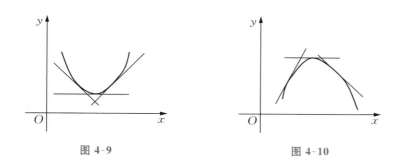

图 4-9　　　　　　　　　　图 4-10

我们可以根据二阶导数的符号来判定曲线的凹凸性.

定理 4.8(凹凸性判定定理) 设函数 $f(x)$ 在 $[a, b]$ 上连续, 且在 (a, b) 内具有二阶导数.

(1) 若在 (a, b) 内 $f''(x) > 0$, 则曲线 $y = f(x)$ 在 $[a, b]$ 上是凹的;

(2) 若在 (a, b) 内 $f''(x) < 0$, 则曲线 $y = f(x)$ 在 $[a, b]$ 上是凸的.

例 1 判断曲线 $y = \ln x$ 的凹凸性.

解 函数 $y = \ln x$ 的定义域为 $(0, +\infty)$.

$$y' = \frac{1}{x}, \ y'' = -\frac{1}{x^2}.$$

在定义域 $(0, +\infty)$ 内, 恒有 $y'' < 0$, 故曲线 $y = \ln x$ 是凸的.

定义 4.3 曲线上"凹"与"凸"的分界点称为曲线的**拐点**.

例 2 曲线 $y = x^2$ 是否有拐点?

解 函数 $y = x^2$ 的定义域为 $(-\infty, +\infty)$.

$$y' = 2x, \ y'' = 2.$$

在 $(-\infty, +\infty)$ 内恒有 $y'' > 0$, 故在 $(-\infty, +\infty)$ 内曲线始终是凹的, 曲线无拐点 (图 4-11).

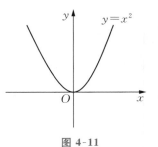

图 4-11

例 3 求曲线 $y = x^3$ 的凹凸区间和拐点.

解 函数 $y = x^3$ 的定义域为 $(-\infty, +\infty)$.

$y' = 3x^2, \ y'' = 6x$. 令 $y'' = 0$, 得 $x = 0$.

当 $x < 0$ 时, $y'' < 0$; 当 $x > 0$ 时, $y'' > 0$, 曲线 $y = x^3$ 在 $(-\infty, 0]$ 上是凸的, 在 $[0, +\infty)$ 上是凹的, 原点 $(0, 0)$ 是其拐点 (图 4-12).

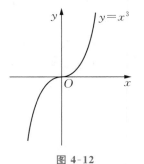

图 4-12

综上所述, 确定曲线 $y = f(x)$ 的凹凸区间和拐点可以按如下步骤进行:

(1) 确定函数 $y = f(x)$ 的定义域;

(2) 求出函数的二阶导数 $f''(x)$;

(3) 求出 $f''(x)$ 为零的点和 $f''(x)$ 不存在的点;

(4) 用上述 $f''(x)$ 为零的点和 $f''(x)$ 不存在的点将函数 $f(x)$ 的定义域分成若干区间, 列表讨论在每个区间上 $f''(x)$ 的符号, 并利用定理 4.8 确定出曲线凹凸区间和拐点.

例 4 求曲线 $y = x^4 - 4x^3 + 3$ 的凹凸区间及拐点.

解 (1) 函数的定义域为 $(-\infty, +\infty)$.

(2) $y' = 4x^3 - 12x^2$, $y'' = 12x^2 - 24x = 12x(x-2)$.

(3) 解方程 $y'' = 0$, 得 $x_1 = 0$, $x_2 = 2$.

(4) 列表分析如下:

x	$(-\infty, 0)$	0	$(0, 2)$	2	$(2, +\infty)$
y''	$+$	0	$-$	0	$+$
曲线 $y = f(x)$	凹	拐点 $(0, 3)$	凸	拐点 $(2, -13)$	凹

曲线在区间 $(-\infty, 0)$ 和 $(2, +\infty)$ 内是凹的, 在区间 $(0, 2)$ 内是凸的. 点 $(0, 3)$ 和 $(2, -13)$ 是曲线的拐点.

二、函数图形的描绘

知道函数的升降与凹凸, 我们就可以大致描绘函数的图形了.

一般作函数 $y = f(x)$ 的图形,可以按如下步骤进行:

(1) 确定函数 $y = f(x)$ 的定义域;

(2) 求出函数的一阶、二阶导数 $f'(x)$ 与 $f''(x)$;

(3) 求出 $f'(x)$、$f''(x)$ 为零的点和不存在的点;

(4) 列表分析并描绘图形.

例 5　描绘函数 $y = x^3 - x^2 - x + 1$ 的图形.

解　(1) 函数的定义域为 $(-\infty, +\infty)$.

(2) $y' = 3x^2 - 2x - 1 = (3x + 1)(x - 1)$,$y'' = 6x - 2 = 2(3x - 1)$.

(3) 令 $y' = 0$,得 $x_1 = -\dfrac{1}{3}$,$x_2 = 1$;令 $y'' = 0$ 得 $x = \dfrac{1}{3}$.

(4) 列表分析如下:

x	$\left(-\infty, -\dfrac{1}{3}\right)$	$-\dfrac{1}{3}$	$\left(-\dfrac{1}{3}, \dfrac{1}{3}\right)$	$\dfrac{1}{3}$	$\left(\dfrac{1}{3}, 1\right)$	1	$(1, +\infty)$
y'	$+$	0	$-$	$-$	$-$	0	$+$
y''	$-$	$-$	$-$	0	$+$	$+$	$+$
y	↗	$\dfrac{32}{27}$ 极大值	↘	$\left(\dfrac{1}{3}, \dfrac{16}{27}\right)$ 拐点	↘	0 极小值	↗

描绘的函数图形如图 4-13 所示.

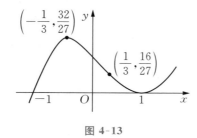

图 4-13

例 6　描绘函数 $y = e^{-x^2}$ 的图形.

解　(1) 函数定义域为 $(-\infty, +\infty)$,该函数为偶函数,只要描绘出它在 $(0, +\infty)$ 内的图形即可.

(2) $y' = -2x e^{-x^2}$,$y'' = 2e^{-x^2}(2x^2 - 1)$.

令 $y' = 0$,得驻点 $x = 0$;令 $y'' = 0$,得 $x = \pm\dfrac{\sqrt{2}}{2}$.

列表分析如下:

x	0	$\left(0, \dfrac{\sqrt{2}}{2}\right)$	$\dfrac{\sqrt{2}}{2}$	$\left(\dfrac{\sqrt{2}}{2}, +\infty\right)$
y'	0	$-$	$-$	$-$
y''	$-$	$-$	0	$+$
y	极大值 $f(0)=1$	凸 ↘	拐点 $\left(\dfrac{\sqrt{2}}{2}, \mathrm{e}^{-\frac{1}{2}}\right)$	凹 ↘

根据以上讨论,即可描绘所给函数的图形,如图 4-14 所示.

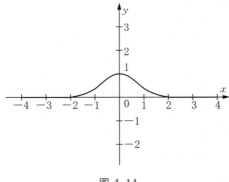

图 4-14

4.5 典型例题详解

例 1 设 $f(x) = x^2$，则 $\lim\limits_{x \to 2} \dfrac{f(x) - f(2)}{x - 2} = ($).

A. 0   B. 1   C. 2   D. 4

解 选(D).

当 $x \to 2$ 时，$f(x) - f(2) \to 0$，$x - 2 \to 0$，极限 $\lim\limits_{x \to 2} \dfrac{f(x) - f(2)}{x - 2}$ 是 $\dfrac{0}{0}$ 型未定式.

利用洛必达法则求此极限，得 $\lim\limits_{x \to 2} \dfrac{f(x) - f(2)}{x - 2} = \lim\limits_{x \to 2} \dfrac{f'(x)}{1} = f'(2) = 4$.

例 2 函数 $f(x) = -x - \dfrac{1}{x}$ 的单调减少区间为( ).

A. $(-\infty, 0) \bigcup (0, +\infty)$ B. $(-1, 1)$

C. $(-\infty, -1) \bigcup (1, +\infty)$ D. $(-1, 0) \bigcup (0, 1)$

解 选(C).

$f(x)$ 的定义域是 $(-\infty, 0) \bigcup (0, +\infty)$，又 $f'(x) = -1 + \dfrac{1}{x^2} = \dfrac{1 - x^2}{x^2}$.

$f(x)$ 单调减少，则 $f'(x) = \dfrac{1 - x^2}{x^2} < 0$，得 $(-\infty, -1) \bigcup (1, +\infty)$.

例 3 曲线 $y = e^{-x^2}$ 在区间 $(-\infty, 0)$ 和 $(1, +\infty)$ 内分别是( ).

A. 单调增加，单调增加   B. 单调增加，单调减少

C. 单调减少，单调增加   D. 单调减少，单调减少

解 选(B).

$y' = -2x e^{-x^2}$，在区间 $(-\infty, 0)$ 内，$y' > 0$，y 单调增加；在区间 $(1, +\infty)$ 内，$y' < 0$，y 单调减少.

例 4 曲线 $y = e^{-x}$ 在区间 $(-1, 0)$ 和 $(0, 1)$ 内分别是( ).

A. 凸的，凸的   B. 凸的，凹的

C. 凹的，凸的   D. 凹的，凹的

解 选(D).

$y' = -\mathrm{e}^{-x}$，$y'' = \mathrm{e}^{-x}$，在区间 $(-1, 0)$ 内，$y'' > 0$，y 是凹的；在区间 $(0, 1)$ 内，$y'' > 0$，y 是凹的.

例 5　函数 $y = \sin x - x$ 在区间 $[0, \pi]$ 上的最大值是(　　).

A. $\dfrac{\sqrt{2}}{2}$　　　　　　B. 1　　　　　　　C. $-\pi$　　　　　　　D. 0

解　选(D).

$y' = \cos x - 1 \leqslant 0$，函数 y 在区间 $[0, \pi]$ 上单调减小，所以 $y_{\max} = y(0) = 0$.

例 6　函数 $y = x^3 - 3x^2$ 的拐点是(　　).

A. $(0, 0)$　　　　　　　　　　　　B. $(1, -2)$

C. $(2, -4)$　　　　　　　　　　　D. 不存在

解　选(B).

$y'' = 6x - 6 = 6(x - 1)$，函数在 $x = 1$ 处取得拐点，所以拐点坐标是 $(1, -2)$.

例 7　设 a 是一常数，则当函数 $f(x) = a\sin x + \dfrac{1}{3}\sin 3x$ 在 $x = \dfrac{\pi}{3}$ 处取得极值时，$a = (\quad)$.

A. 0　　　　　　　B. 1　　　　　　C. 2　　　　　　D. 3

解　选(C).

$f(x)$ 在 $x = \dfrac{\pi}{3}$ 处取得极值，则 $f'\left(\dfrac{\pi}{3}\right) = 0$.

$f'(x) = a\cos x + \cos 3x$，故 $f'\left(\dfrac{\pi}{3}\right) = \dfrac{a}{2} - 1 = 0$，所以 $a = 2$.

例 8　设点 $(1, 3)$ 是曲线 $y = ax^3 + bx^2 + 1$ 上的一个拐点，则(　　).

A. $a = 1$，$b = 1$　　　　　　　　B. $a = 3$，$b = -1$

C. $a = 0$，$b = 2$　　　　　　　　D. $a = -1$，$b = 3$

解　选(D).

根据题意有 $y(1) = 3$，$y''(1) = 0$. 又 $y''(x) = 6ax + 2b$.

所以有 $a + b + 1 = 3$，$6a + 2b = 0$，解得 $a = -1$，$b = 3$.

例 9　若 $\lim\limits_{x \to 0} \dfrac{\mathrm{e}^{ax} - b}{\sin 2x} = \dfrac{1}{2}$，则(　　).

A. $a = 1$，$b = 1$　　　　　　　　　　B. $a = 1$，$b = -1$

C. $a = 0$，$b = 2$　　　　　　　　　　D. $a = -1$，$b = 0$

解 选(A).

当 $x \to 0$ 时，$\sin 2x \to 0$，$\lim\limits_{x \to 0} \dfrac{e^{ax} - b}{\sin 2x} = \dfrac{1}{2}$，说明此极限一定是 $\dfrac{0}{0}$ 型未定式，则 $x \to 0$ 时，$e^{ax} - b \to 0$ 即 $1 - b = 0 \Rightarrow b = 1$.

又 $\lim\limits_{x \to 0} \dfrac{e^{ax} - b}{\sin 2x} = \lim\limits_{x \to 0} \dfrac{a e^{ax}}{2\cos 2x} = \dfrac{a}{2}$，即 $\dfrac{a}{2} = \dfrac{1}{2} \Rightarrow a = 1$.

例 10 设 $f(x_0)$ 是连续函数 $f(x)$ 在 $[a, b]$ 上的最大值，则( ).

A. $f'(x_0) = 0$ B. $f'(x_0)$ 不存在

C. x_0 是区间端点   D. 以上均不正确

解 选(D).

闭区间上的连续函数在函数的驻点、不可导点和区间端点处都有可能取得最值.

例 11 计算极限 $\lim\limits_{x \to 0} \dfrac{e^x + e^{-x} - 2}{x e^x - e^x + 1}$.

分析 此极限是 $\dfrac{0}{0}$ 型未定式，采用洛必达法则进行求解.

解 $\lim\limits_{x \to 0} \dfrac{e^x + e^{-x} - 2}{x e^x - e^x + 1} = \lim\limits_{x \to 0} \dfrac{e^x - e^{-x}}{x e^x} = \lim\limits_{x \to 0} \dfrac{e^x + e^{-x}}{x e^x + e^x} = 2$.

例 12 计算极限 $\lim\limits_{x \to 1} \left(\dfrac{x}{x - 1} - \dfrac{1}{\ln x} \right)$.

分析 此极限是 $\infty - \infty$ 型未定式，通过函数变形将其转化为分式形式，即可成为 $\dfrac{0}{0}$ 型未定式，再采用洛必达法则进行求解.

解 $\lim\limits_{x \to 1} \left(\dfrac{x}{x - 1} - \dfrac{1}{\ln x} \right) = \lim\limits_{x \to 1} \dfrac{x \ln x - x + 1}{x \ln x - \ln x} = \lim\limits_{x \to 1} \dfrac{\ln x}{\ln x + 1 - \dfrac{1}{x}}$

$$= \lim\limits_{x \to 1} \dfrac{\dfrac{1}{x}}{\dfrac{1}{x} + \dfrac{1}{x^2}} = \dfrac{1}{2}.$$

例 13 确定函数 $f(x) = x^3 - 3x$ 的单调区间和极值.

解 函数的定义域为 $(-\infty, +\infty)$.

$f'(x) = 3x^2 - 3$，令 $f'(x) = 0$，得驻点 $x_1 = -1$，$x_2 = 1$.

列表分析如下：

x	$(-\infty, -1)$	-1	$(-1, 1)$	1	$(1, +\infty)$
$f'(x)$	$+$	0	$-$	0	$+$
$f(x)$	↗	极大值 2	↘	极小值 -2	↗

例 14　求函数 $f(x) = x - \dfrac{3}{2} x^{\frac{2}{3}}$ 的极值.

解　函数的定义域为 $(-\infty, +\infty)$.

$f'(x) = 1 - x^{-\frac{1}{3}} = 1 - \dfrac{1}{\sqrt[3]{x}} = \dfrac{\sqrt[3]{x} - 1}{\sqrt[3]{x}}$，令 $f'(x) = 0$，得驻点 $x = 1$；$x = 0$ 时 $f'(x)$ 不存在.

列表分析如下：

x	$(-\infty, 0)$	0	$(0, 1)$	1	$(1, +\infty)$
$f'(x)$	$+$	不存在	$-$	0	$+$
$f(x)$	↗	极大值 0	↘	极小值 $-\dfrac{1}{2}$	↗

例 15　证明当 $x > 0$ 时，$\ln(1+x) < x$.

证明　令 $F(x) = \ln(1+x) - x$，

$F'(x) = \dfrac{1}{1+x} - 1 < 0$，则 $F(x)$ 在 $(0, +\infty)$ 上单调减少.

又因为 $x > 0$，有 $F(x) < F(0)$.

所以 $\ln(1+x) - x < 0$，即 $\ln(1+x) < x$.

练 习 题 四

1. 填空题.

(1) 使函数 $f(x) = \ln x$ 在 $[1, 2]$ 上满足拉格朗日定理的 $\xi = $ _____；

(2) $f(x) = x - \ln(1+x)$ 在区间_____上单调减少,在区间_____上单调增加；

(3) 曲线 $y = 3x^2 - x^3$ 在区间_____上是凸的；

(4) 曲线 $y = x\mathrm{e}^{-x}$ 的拐点坐标是_____；

(5) 函数 $f(x) = x^3 + ax + b$ 在点 $x = 1$ 处取得极小值 -2,则 $a = $ _____, $b = $ _____；

(6) 函数 $f(x) = \sqrt{x}\ln x$ 在 $\left[\dfrac{1}{2}, 1\right]$ 上的最大值为_____,最小值为_____.

2. 选择题.

(1) 下列函数在指定区间上满足罗尔定理条件的是( ).

A. $y = \ln x$, $x \in [1, 2]$

B. $y = \dfrac{1}{1+x^2}$, $x \in [-2, 2]$

C. $y = \dfrac{1}{x^2}$, $x \in [-1, 1]$

D. $y = \dfrac{1}{1-x^2}$, $x \in [-1, 1]$

(2) 函数 $f(x) = 1 - (x-2)^{\frac{2}{3}}$ 的极大值是( ).

A. 1   B. 2   C. -1 D. -2

(3) 下列结论正确的是( ).

A. x_0 是 $f(x)$ 的极值点,则 x_0 必是 $f(x)$ 的驻点

B. 若 $f'(x_0) = 0$, x_0 必是 $f(x)$ 的极值点

C. x_0 是 $f(x)$ 的极值点,且 $f'(x_0)$ 存在,则必有 $f'(x_0) = 0$

D. 使 $f'(x_0)$ 不存在的点一定是 $f(x)$ 的极值点

(4) 设函数 $f(x)$ 在点 x_0 及其附近可导,且 $f'(x_0) = 0$, $\lim\limits_{x \to x_0} f'(x) = 1$,则 $f(x)$ 在点 $x = x_0$ 处( ).

A. 一定不会取得极值   B. 取得极值且是极大值

C. 取得极值且是极小值   D. 可能取得极值

(5) 设 $f(x)$ 在点 $x=0$ 及其附近可导,且 $f'(0)=0$,又 $\lim\limits_{x\to 0}\dfrac{f'(x)}{x}=1$,则 $f(0)$ 一定（　　）.

A. 不是 $f(x)$ 的极值

B. 是 $f(x)$ 的极大值

C. 是 $f(x)$ 的极小值

D. 等于 0

(6) 设函数 $y=f(x)$ 具有二阶导数,且 $f'(x)>0$,$f''(x)>0$,Δx 为自变量 x 在点 x_0 处的增量,Δy 与 $\mathrm{d}y$ 分别为 $f(x)$ 在点 x_0 处对应的增量与微分,若 $\Delta x>0$,则（　　）.

A. $0<\mathrm{d}y<\Delta y$

B. $0<\Delta y<\mathrm{d}y$

C. $\Delta y<\mathrm{d}y<0$

D. $\mathrm{d}y<\Delta y<0$

(7) 设函数 $f(x)=|\,x(1-x)\,|$,则（　　）.

A. $x=0$ 是 $f(x)$ 的极值点,但 $(0,0)$ 不是曲线 $y=f(x)$ 的拐点

B. $x=0$ 不是 $f(x)$ 的极值点,但 $(0,0)$ 是曲线 $y=f(x)$ 的拐点

C. $x=0$ 是 $f(x)$ 的极值点,且 $(0,0)$ 是曲线 $y=f(x)$ 的拐点

D. $x=0$ 不是 $f(x)$ 的极值点,$(0,0)$ 也不是曲线 $y=f(x)$ 的拐点

3. 求下列极限.

(1) $\lim\limits_{x\to 0}\dfrac{\sin 2x}{\tan 5x}$;

(2) $\lim\limits_{x\to 0}\dfrac{x-\ln(1+x)}{x\sin x}$;

(3) $\lim\limits_{x\to 1}\left(\dfrac{x}{x-1}-\dfrac{1}{\ln x}\right)$;

(4) $\lim\limits_{x\to 0^+}x^{\sin x}$;

(5) $\lim\limits_{x\to +\infty}\dfrac{x^n}{\mathrm{e}^{\lambda x}}$（$n$ 为正整数,$\lambda>0$）;

(6) $\lim\limits_{x\to +\infty}\dfrac{\ln\left(1+\dfrac{1}{x}\right)}{\arctan x-\dfrac{\pi}{2}}$;

(7) $\lim\limits_{x\to -\infty}\dfrac{\ln(\mathrm{e}^x+1)}{\mathrm{e}^x}$;

(8) $\lim\limits_{x\to 0}x^2\mathrm{e}^{\frac{1}{x^2}}$;

(9) $\lim\limits_{x\to \infty}\left(1-\dfrac{2}{x}\right)^{3x}$;

(10) $\lim\limits_{x\to +\infty}\dfrac{x-\sin x}{x+\sin x}$;

(11) $\lim\limits_{x\to 0}\dfrac{x^2\sin\dfrac{1}{x}}{\sin x}$.

4. 求下列函数的单调区间.

（1）$y = x^3 - 3x^2 - 9x + 5$；

（2）$y = (x-1)x^{\frac{2}{3}}$；

（3）$y = 2x^2 - \ln x$；

（4）$y = \ln(x + \sqrt{1+x^2})$.

5. 求下列曲线的凹凸区间及拐点.

（1）$y = x^3 - 5x^2 + 3x + 5$；

（2）$y = \ln(x^2 + 1)$；

（3）$y = e^{\arctan x}$；

（4）$y = (1 + x^2)e^x$.

6. 求下列函数的极值.

（1）$y = \dfrac{x^3}{3} - x^2 + 2$；

（2）$y = x e^{-x}$；

（3）$y = x - (x-2)^{\frac{2}{3}}$；

（4）$y = \dfrac{x}{1+x^2}$.

7. 利用函数的单调性证明下列不等式.

（1）$\ln(1+x) > \dfrac{x}{1+x}（x > 0）$；

（2）$2\sqrt{x} > 3 - \dfrac{1}{x}（x > 1）$.

8. 在第一象限内,求曲线 $2x^2 + y^2 = 1$ 上的点,使在该点处的切线与曲线及两个坐标轴围成的面积最小.

9. 某房地产公司有 50 套公寓要出租,当租金定为每月 180 元时,公寓会全部租出去. 当租金每月增加 10 元时,就有一套公寓租不出去,而租出去的公寓每月需花费 20 元的整修维护费.试问房租定为多少可获得最大收入?

参考答案

复习题四

复 习 题 四

1. 选择题.

(1) 下列函数在区间$(-\infty, +\infty)$内单调减少的是(　　).

A. $y = e^x$　　　　　　　　　　　B. $y = \sin x$

C. $y = \arctan x - x$　　　　　　D. $y = 5 - 6x$

(2) 函数 $y = (x+1)^3$ 在$(-1, 2)$内是(　　).

A. 单调增加　　　　　　　　　　B. 单调减少

C. 不增不减　　　　　　　　　　D. 有增有减

(3) 函数 $y = x^3 - 3x$ 的单调减少区间是(　　).

A. $(-\infty, +\infty)$　　　　　　　B. $(-\infty, -1)$

C. $(1, +\infty)$　　　　　　　　　D. $(-1, 1)$

(4) 设 $f'(x) = (x-1)(2x+1)$, $x \in (-\infty, +\infty)$, 则在$\left(\dfrac{1}{2}, 1\right)$内曲线 $f(x)$是(　　).

A. 单调增加,凹的　　　　　　　B. 单调减少,凹的

C. 单调增加,凸的　　　　　　　D. 单调减少,凸的

(5) 函数 $f(x) = \ln(x^2 - 1)$ 在区间(　　)内是凸的.

A. $(-1, 1)$　　　　　　　　　　B. $(-\infty, -1)$

C. $(-\infty, -1) \bigcup (1, +\infty)$　　D. $(1, +\infty)$

(6) 函数 $f(x) = x^3 + 1$ 在 $x = 0$ 处(　　).

A. 有极小值 1　　　　　　　　　B. 有极大值 1

C. 有极小值 0　　　　　　　　　D. 无极值

(7) 点$(0, 0)$是曲线(　　)的拐点.

A. $y = x^2$　　　　　　　　　　B. $y = x^3$

C. $y = x^4$　　　　　　　　　　D. $y = x^6$

2. 填空题.

(1) 函数 $y = x^2 - 4x + 3$ 的驻点是_____.

(2) 函数 $f(x) = x^2(x-3)$ 的极小值是_____,极大值是_____.

(3) 函数 $f(x) = x^3 + \ln x$ 在$[1, e]$的最小值是_____,最大值是_____.

(4) 设函数 $f(x) = x^3 + ax^2 - 1$ 在 $x = -2$ 处取得极值,则常数 $a =$ _____.

(5) 函数 $y = \ln x^2$ 在$(0, +\infty)$内的单调性是_____.

（6）设函数 $f(x) = x^3 + ax^2 - 9x + 4$ 在 $x = 1$ 处有拐点，则常数 $a =$ _____．

（7）函数 $f(x) = \dfrac{1}{3}x^3 - x^2 + 1$ 的单调减少区间是 _____．

（8）函数 $f(x)$ 的定义域为 $(-\infty,\ +\infty)$，$f'(x) = x^2(x - 2)$，则 $f(x)$ 在 $x =$ _____ 处取得极值．

（9）曲线 $y = 3x^2 - x^3$ 在区间 _____ 上是凸的．

（10）曲线 $y = x\mathrm{e}^{-x}$ 的拐点坐标是 _____．

3. 计算题．

（1）计算极限 $\lim\limits_{x \to 0} \dfrac{\mathrm{e}^x - \mathrm{e}^{-x}}{3x}$．

（2）计算极限 $\lim\limits_{x \to 0} \dfrac{\mathrm{e}^x \cos x - 1}{\sin 2x}$．

（3）计算极限 $\lim\limits_{x \to a} \dfrac{x^m - a^m}{x^n - a^n}$（$a$ 为常数）．

（4）计算极限 $\lim\limits_{x \to 0} \left(\dfrac{1}{x} - \dfrac{1}{\mathrm{e}^x - 1} \right)$．

（5）求函数 $f(x) = \dfrac{x}{1 + x^2}$ 的单调区间．

（6）求函数 $f(x) = \dfrac{\ln x}{x}$ 的单调区间和极值．

（7）求函数 $f(x) = \dfrac{x^2}{1 + x}$ 在 $\left[-\dfrac{1}{2},\ 1 \right]$ 上的最大值和最小值．

（8）求曲线 $y = 2x^3 + 3x^2 - 12x + 14$ 的凹凸区间和拐点．

（9）求曲线 $y = 3x^4 - 4x^3 + 1$ 的凹凸区间和拐点．

4. 描绘函数 $y = x^3 - 3x$ 的图形．

5. 证明 $\arctan x > x - \dfrac{x^3}{3}$（$x > 0$）．

第 5 章
不 定 积 分

在微分学中,我们所研究的问题是寻求已知函数的导数.但在许多实际问题中,常常需要研究相反问题,即已知函数的导数,求原来的函数,这就是导数的逆运算.

不定积分是导数的逆运算,也是积分学的基础,它在定积分的计算中起到重要的作用.

5.1 不定积分的概念与性质

一、原函数与不定积分

定义 5.1 设 $f(x)$ 是定义在区间 I 上的函数,如果存在函数 $F(x)$,使得对任一 $x \in I$,都有 $F'(x) = f(x)$,则称 $F(x)$ 为 $f(x)$ 在区间 I 上的一个**原函数**.

例如:$(\sin x)' = \cos x$,即 $\sin x$ 是 $\cos x$ 的一个原函数;又 $(\sin x + C)' = \cos x$,所以 $\sin x + C$ 也是 $\cos x$ 的一个原函数.

一般地,如果 $F(x)$ 与 $G(x)$ 都为 $f(x)$ 在区间 I 上的原函数,则

$$(G(x) - F(x))' = 0, \ G(x) - F(x) = C, \ G(x) = F(x) + C.$$

因此,同一个函数的原函数只差一个常数.

定义 5.2 $f(x)$ 的所有原函数的全体称为 $f(x)$ 的**不定积分**,记为

$$\int f(x)\mathrm{d}x.$$

其中"$\int$"称为**积分号**,x 称为**积分变量**,$f(x)$ 称为**被积函数**,$f(x)\mathrm{d}x$ 称为**被积表达式**.

由定义 5.2 可知,如果 $F(x)$ 是 $f(x)$ 的一个原函数,则

$$\int f(x)\mathrm{d}x = F(x) + C \ (C \text{ 为任意常数}).$$

例如,$\left(\dfrac{x^3}{3}\right)' = x^2$,所以 $\int x^2 \mathrm{d}x = \dfrac{x^3}{3} + C$.

二、不定积分的性质

由原函数与不定积分的概念可得:

性质 1 $\dfrac{\mathrm{d}}{\mathrm{d}x}\int f(x)\mathrm{d}x = f(x)$,$\mathrm{d}\int f(x)\mathrm{d}x = f(x)\mathrm{d}x$,或 $\left(\int f(x)\mathrm{d}x\right)' = f(x)$.

性质 2 $\int F'(x)\mathrm{d}x = \int \mathrm{d}F(x) = F(x) + C.$

性质 3 $\int [f(x) + g(x)]\mathrm{d}x = \int f(x)\mathrm{d}x + \int g(x)\mathrm{d}x.$

动画

不定积分的
几何意义

性质 4 $\displaystyle\int kf(x)\mathrm{d}x = k\int f(x)\mathrm{d}x$ （k 为常数，$k\neq 0$）.

三、基本积分公式

由于求不定积分是求导数的逆运算，因此，由基本初等函数的求导公式，便可得到不定积分的基本公式，为了便于读者对照，右边同时列出了导数公式.

释疑解难

原函数与
不定积分
概念

基本积分公式　　　　　　　　　　　　　　导数公式

1. $\displaystyle\int k\,\mathrm{d}x = kx + C$（$k$ 为常数）；　　　　　　　$(C)' = 0$；

2. $\displaystyle\int x^{\alpha}\,\mathrm{d}x = \frac{1}{\alpha+1}x^{\alpha+1} + C$（$\alpha\neq -1$）；　　　$(x^{\alpha})' = \alpha x^{\alpha-1}$；

3. $\displaystyle\int \frac{1}{x}\mathrm{d}x = \ln|x| + C$；　　　　　　　　　　$(\ln|x|)' = \dfrac{1}{x}$；

4. $\displaystyle\int a^{x}\,\mathrm{d}x = \frac{1}{\ln a}a^{x} + C$（$a>0,\ a\neq 1$）；　　$(a^{x})' = a^{x}\ln a$；

5. $\displaystyle\int \mathrm{e}^{x}\,\mathrm{d}x = \mathrm{e}^{x} + C$；　　　　　　　　　　$(\mathrm{e}^{x})' = \mathrm{e}^{x}$；

6. $\displaystyle\int \sin x\,\mathrm{d}x = -\cos x + C$；　　　　　　$(\cos x)' = -\sin x$；

7. $\displaystyle\int \cos x\,\mathrm{d}x = \sin x + C$；　　　　　　　$(\sin x)' = \cos x$；

8. $\displaystyle\int \sec^{2}x\,\mathrm{d}x = \tan x + C$；　　　　　　$(\tan x)' = \sec^{2}x$；

9. $\displaystyle\int \csc^{2}x\,\mathrm{d}x = -\cot x + C$；　　　　　　$(\cot x)' = -\csc^{2}x$；

10. $\displaystyle\int \frac{\mathrm{d}x}{\sqrt{1-x^{2}}} = \arcsin x + C$；　　　　$(\arcsin x)' = \dfrac{1}{\sqrt{1-x^{2}}}$；

11. $\displaystyle\int \frac{\mathrm{d}x}{1+x^{2}} = \arctan x + C$；　　　　　$(\arctan x)' = \dfrac{1}{1+x^{2}}$.

四、简单的不定积分计算

例 1　求 $\displaystyle\int \sqrt{x}\,(x^{2}-5)\mathrm{d}x$.

解　$\displaystyle\int \sqrt{x}\,(x^{2}-5)\mathrm{d}x = \int \left(x^{\frac{5}{2}} - 5x^{\frac{1}{2}}\right)\mathrm{d}x = \int x^{\frac{5}{2}}\mathrm{d}x - 5\int x^{\frac{1}{2}}\mathrm{d}x$

$$= \frac{2}{7}x^{\frac{7}{2}} - \frac{10}{3}x^{\frac{3}{2}} + C.$$

例 2　求 $\displaystyle\int \frac{(x-1)^3}{x^2}\mathrm{d}x$.

解　$\displaystyle\int \frac{(x-1)^3}{x^2}\mathrm{d}x = \int \frac{x^3-3x^2+3x-1}{x^2}\mathrm{d}x = \int\left(x-3+\frac{3}{x}-\frac{1}{x^2}\right)\mathrm{d}x$

$$=\frac{x^2}{2}-3x+3\ln\mid x\mid+\frac{1}{x}+C.$$

例 3　求 $\displaystyle\int(\mathrm{e}^x-3\cos x+1)\mathrm{d}x$.

解　$\displaystyle\int(\mathrm{e}^x-3\cos x+1)\mathrm{d}x = \int\mathrm{e}^x\mathrm{d}x-3\int\cos x\mathrm{d}x+\int\mathrm{d}x = \mathrm{e}^x-3\sin x+x+C.$

例 4　求 $\displaystyle\int \frac{1+x+x^2}{x(1+x^2)}\mathrm{d}x$.

解　$\displaystyle\int \frac{1+x+x^2}{x(1+x^2)}\mathrm{d}x = \int \frac{(1+x^2)+x}{x(1+x^2)}\mathrm{d}x = \int \frac{1}{x}\mathrm{d}x+\int \frac{1}{1+x^2}\mathrm{d}x$

$$=\ln\mid x\mid+\arctan x+C.$$

例 5　求 $\displaystyle\int\sin^2\frac{x}{2}\mathrm{d}x$.

解　$\displaystyle\int\sin^2\frac{x}{2}\mathrm{d}x = \int \frac{1-\cos x}{2}\mathrm{d}x = \int \frac{1}{2}\mathrm{d}x-\frac{1}{2}\int\cos x\mathrm{d}x = \frac{1}{2}(x-\sin x)+C.$

5.2　换 元 积 分 法

能直接利用公式计算的不定积分是非常有限的,因此有必要寻找有效的积分方法,换元积分法就是其中一种.它的基本思想就是通过适当的变换,把较难求的积分转化为较易求的积分.

一、第一类换元积分法(凑微分法)

定理 5.1　设 $\int f(u)\mathrm{d}u = F(u)+C$, 函数 $\varphi(x)$ 可导,则

$$\int f[\varphi(x)] \cdot \varphi'(x)\mathrm{d}x = \int f[\varphi(x)]\mathrm{d}\varphi(x) = F(\varphi(x)) + C$$

称为第一类换元积分公式.

上式将 $\varphi'(x)\mathrm{d}x$ 改写成微分形式 $\mathrm{d}\varphi(x)$,把 $\varphi(x)$ 看为积分变量 u 代入已知积分公式,因而第一类换元积分法也称为**凑微分法**.

例 1　求 $\int x\cos x^2 \mathrm{d}x$.

解　$\int x\cos x^2 \mathrm{d}x = \dfrac{1}{2}\int \cos x^2 \mathrm{d}x^2 = \dfrac{1}{2}\sin x^2 + C$.

例 2　求 $\int \dfrac{1}{3+2x}\mathrm{d}x$.

解　$\int \dfrac{1}{3+2x}\mathrm{d}x = \dfrac{1}{2}\int \dfrac{1}{3+2x}(3+2x)'\mathrm{d}x = \dfrac{1}{2}\int \dfrac{1}{3+2x}\mathrm{d}(3+2x)$

$\qquad\qquad = \dfrac{1}{2}\ln|3+2x| + C.$

例 3　求 $\int \tan x\,\mathrm{d}x$.

解　$\int \tan x\,\mathrm{d}x = \int \dfrac{\sin x}{\cos x}\mathrm{d}x = -\int \dfrac{1}{\cos x}\mathrm{d}\cos x = -\ln|\cos x| + C.$

类似可得

$$\int \cot x \, dx = \ln | \sin x | + C.$$

例 4 求 $\int \dfrac{x}{1+x^2} dx$.

解 $\int \dfrac{x}{1+x^2} dx = \dfrac{1}{2} \int \dfrac{d(1+x^2)}{1+x^2} = \dfrac{1}{2} \ln(1+x^2) + C.$

例 5 求 $\int \dfrac{x}{1+x^4} dx$.

解 $\int \dfrac{x}{1+x^4} dx = \dfrac{1}{2} \int \dfrac{dx^2}{1+(x^2)^2} = \dfrac{1}{2} \arctan x^2 + C.$

例 6 求 $\int \dfrac{1}{x \ln x} dx$.

解 $\int \dfrac{dx}{x \ln x} = \int \dfrac{d\ln x}{\ln x} = \ln | \ln x | + C.$

例 7 求 $\int \dfrac{1}{\sqrt{a^2 - x^2}} dx \, (a > 0)$.

解 $\int \dfrac{1}{\sqrt{a^2 - x^2}} dx = \int \dfrac{\dfrac{1}{a}}{\sqrt{1 - \left(\dfrac{x}{a}\right)^2}} dx = \int \dfrac{d\left(\dfrac{x}{a}\right)}{\sqrt{1 - \left(\dfrac{x}{a}\right)^2}} = \arcsin \dfrac{x}{a} + C.$

例 8 求 $\int \dfrac{1}{a^2 + x^2} dx$.

解 $\int \dfrac{1}{a^2 + x^2} dx = \dfrac{1}{a^2} \int \dfrac{1}{1 + \left(\dfrac{x}{a}\right)^2} dx = \dfrac{1}{a} \int \dfrac{1}{1 + \left(\dfrac{x}{a}\right)^2} d\left(\dfrac{x}{a}\right) = \dfrac{1}{a} \arctan \dfrac{x}{a} + C.$

例 7、例 8 是两个重要公式,要记住.

例 9 求 $\int \dfrac{1}{x^2 - a^2} dx$.

解 $\int \dfrac{1}{x^2 - a^2} dx = \dfrac{1}{2a} \int \left(\dfrac{1}{x-a} - \dfrac{1}{x+a}\right) dx$

$\qquad\qquad = \dfrac{1}{2a} \left[\int \dfrac{1}{x-a} d(x-a) - \int \dfrac{1}{x+a} d(x+a) \right]$

$$= \frac{1}{2a}[\ln \mid x - a \mid - \ln \mid x + a \mid] + C = \frac{1}{2a}\ln \left| \frac{x-a}{x+a} \right| + C.$$

例 10　求 $\int \cos^2 x \, \mathrm{d}x$.

解　$\int \cos^2 x \, \mathrm{d}x = \int \frac{1 + \cos 2x}{2}\mathrm{d}x = \frac{1}{2}\left(\int \mathrm{d}x + \int \cos 2x \, \mathrm{d}x\right)$

$$= \frac{x}{2} + C' + \frac{1}{4}\int \cos 2x \, \mathrm{d}(2x) = \frac{x}{2} + \frac{1}{4}\sin 2x + C.$$

单独的三角函数积分,只要是偶次方幂都要通过二倍角降次.

例 11　求 $\int \sin^3 x \, \mathrm{d}x$.

解　$\int \sin^3 x \, \mathrm{d}x = \int \sin^2 x \sin x \, \mathrm{d}x = -\int(1 - \cos^2 x)\mathrm{d}\cos x$

$$= -\int \mathrm{d}\cos x + \int \cos^2 x \, \mathrm{d}\cos x = -\cos x + \frac{1}{3}\cos^3 x + C.$$

为了熟练地掌握求积分的第一类换元积分法,我们把应用第一类换元积分法的常见积分类型归纳如下:

(1) $x^n \mathrm{d}x = \frac{1}{n+1}\mathrm{d}x^{n+1} = \frac{1}{n+1}\mathrm{d}(x^{n+1} + 1) = \cdots;$

　　$\int f(ax + b)\mathrm{d}x = \frac{1}{a}\int f(ax + b)\mathrm{d}(ax + b)(a \neq 0).$

(2) $\mathrm{e}^x \mathrm{d}x = \mathrm{d}(\mathrm{e}^x) = \mathrm{d}(\mathrm{e}^x + C),\ \mathrm{e}^{-x}\mathrm{d}x = -\mathrm{d}(\mathrm{e}^{-x});$

　　$\int \mathrm{e}^x f(\mathrm{e}^x)\mathrm{d}x = \int f(\mathrm{e}^x)\mathrm{d}\mathrm{e}^x.$

(3) $\frac{1}{x}\mathrm{d}x = \mathrm{d}(\ln x),\ \int \frac{1}{x}f(\ln x)\mathrm{d}x = \int f(\ln x)\mathrm{d}(\ln x).$

(4) $\cos x \, \mathrm{d}x = \mathrm{d}(\sin x),\ \int \cos x f(\sin x)\mathrm{d}x = \int f(\sin x)\mathrm{d}\sin x.$

(5) $\sin x \, \mathrm{d}x = -\mathrm{d}(\cos x),\ \int \sin x f(\cos x)\mathrm{d}x = -\int f(\cos x)\mathrm{d}\cos x.$

(6) $\int \frac{1}{\cos^2 x}f(\tan x)\mathrm{d}x = \int f(\tan x)\mathrm{d}\tan x,$

　　$\int \frac{1}{\sin^2 x}f(\cot x)\mathrm{d}x = -\int f(\cot x)\mathrm{d}\cot x.$

(7) $\frac{1}{1 + x^2}\mathrm{d}x = \mathrm{d}(\arctan x).$

(8) $\frac{1}{\sqrt{1 - x^2}}\mathrm{d}x = \mathrm{d}(\arcsin x).$

二、第二类换元积分法

第一类换元积分法是利用变换 $\varphi(x) = u$，将积分 $\int f[\varphi(x)]\varphi'(x)\mathrm{d}x$ 化为能用基本积分公式的积分 $\int f(u)\mathrm{d}u$。但我们常常会遇到相反的情形，需要求的积分 $\int f(x)\mathrm{d}x$ 形式上简单，实际上却很难求。这时，可选择适当的变换 $x = \varphi(t)$，将不易求的积分 $\int f(x)\mathrm{d}x$ 化为易求的积分 $\int f[\varphi(t)]\varphi'(t)\mathrm{d}t$，这就是第二类换元积分法。

定理 5.2 设 $x = \varphi(t)$ 是单调的可导函数，且 $\varphi'(t) \neq 0$，则

$$\int f(x)\mathrm{d}x = \int f[\varphi(t)]\mathrm{d}\varphi(t) = \int f[\varphi(t)]\varphi'(t)\mathrm{d}t$$

称为第二类换元积分公式。

寻找适当的变换是第二类换元积分法的关键，常用的变换有根式变换和三角变换。

例 12 求 $\int \dfrac{1}{1+\sqrt{x}}\mathrm{d}x$。

解 令 $\sqrt{x} = t$，则 $x = t^2$，$\mathrm{d}x = 2t\,\mathrm{d}t$，代入原积分，得

$$\int \frac{1}{1+\sqrt{x}}\mathrm{d}x = \int \frac{2t}{1+t}\mathrm{d}t = 2\int \left(1 - \frac{1}{1+t}\right)\mathrm{d}t = 2(t - \ln|1+t|) + C$$

$$= 2[\sqrt{x} - \ln(1+\sqrt{x})] + C.$$

例 13 求 $\int \sqrt{\mathrm{e}^x - 1}\,\mathrm{d}x$。

解 令 $\sqrt{\mathrm{e}^x - 1} = t$，则 $x = \ln(1+t^2)$，$\mathrm{d}x = \dfrac{2t}{1+t^2}\mathrm{d}t$。

$$\int \sqrt{\mathrm{e}^x - 1}\,\mathrm{d}x = \int \frac{2t^2}{1+t^2}\mathrm{d}t = 2\int \left(1 - \frac{1}{1+t^2}\right)\mathrm{d}t$$

$$= 2t - 2\arctan t + C = 2\sqrt{\mathrm{e}^x - 1} - 2\arctan\sqrt{\mathrm{e}^x - 1} + C.$$

例 14 求 $\int \dfrac{1}{x\sqrt{x^2 - 1}}\mathrm{d}x$。

解 令 $\sqrt{x^2 - 1} = t$，则 $x^2 = t^2 + 1$，$x\,\mathrm{d}x = t\,\mathrm{d}t$。

$$\int \frac{1}{x\sqrt{x^2 - 1}}\mathrm{d}x = \int \frac{x\,\mathrm{d}x}{x^2\sqrt{1+x^2}} = \int \frac{t\,\mathrm{d}t}{t(t^2 + 1)} = \int \frac{\mathrm{d}t}{t^2 + 1} = \arctan t + C$$

$$= \arctan\sqrt{x^2 - 1} + C.$$

例 15 求 $\int \sqrt{1-x^2}\,\mathrm{d}x$.

解 本题令 $\sqrt{1-x^2}=t$ 进行换元积分时无法计算出此积分,故采用三角变换,令 $x=\sin t$, 则

$$\int \sqrt{1-x^2}\,\mathrm{d}x = \int \cos t \cdot \cos t\,\mathrm{d}t = \int \cos^2 t\,\mathrm{d}t = \int \frac{1+\cos 2t}{2}\,\mathrm{d}t$$
$$= \frac{1}{2}t + \frac{1}{4}\sin 2t + C = \frac{1}{2}\arcsin x + \frac{1}{2}x\sqrt{1-x^2} + C.$$

例 16 求 $\int \dfrac{\mathrm{d}x}{(\sqrt{a^2+x^2})^3}\,(a>0)$.

解 令 $x=a\tan t$, 则

$$\int \frac{\mathrm{d}x}{(\sqrt{a^2+x^2})^3} = \int \frac{1}{a^3\sec^3 t}a\sec^2 t\,\mathrm{d}t = \frac{1}{a^2}\int \cos t\,\mathrm{d}t = \frac{1}{a^2}\sin t + C$$
$$= \frac{1}{a^2}\frac{x}{\sqrt{x^2+a^2}} + C.$$

上面两个例子中所作的代换称为三角代换,牵涉的角都可看成是锐角.一般地,

当被积函数含有 $\sqrt{a^2-x^2}$ 时,则令 $x=a\sin t$;

当被积函数含有 $\sqrt{a^2+x^2}$ 时,则令 $x=a\tan t$;

当被积函数含有 $\sqrt{x^2-a^2}$ 时,则令 $x=a\sec t$.

在作三角替换时,可以利用直角三角形的边角关系确定有关三角函数的关系,返回原积分变量.有时,由于积分的特殊形状,可不作三角变换.

5.3　分 部 积 分 法

运用前面介绍的积分法,已经能计算很多不定积分,但还有一些常见的不定积分仍不能计算,如 $\int \ln x \, \mathrm{d}x$、$\int \arcsin x \, \mathrm{d}x$ 等.解决此类积分,需要用到分部积分法.

设 $u = u(x)$, $v = v(x)$, 则有 $\mathrm{d}(uv) = v\mathrm{d}u + u\mathrm{d}v$.

两端求不定积分,得 $\int \mathrm{d}(uv) = \int v\mathrm{d}u + \int u\mathrm{d}v$, 即

$$\int u \, \mathrm{d}v = uv - \int v \, \mathrm{d}u$$

称为不定积分的分部积分公式.

释疑解难

分部积分法

例1　求 $\int \ln x \, \mathrm{d}x$.

解　$\int \ln x \, \mathrm{d}x = x \ln x - \int x \, \mathrm{d}\ln x = x \ln x - \int x \cdot \dfrac{1}{x} \, \mathrm{d}x = x \ln x - x + C$.

例2　求 $\int x \cos x \, \mathrm{d}x$.

解　$\int x \cos x \, \mathrm{d}x = \int x \, \mathrm{d}\sin x = x \sin x - \int \sin x \, \mathrm{d}x = x \sin x + \cos x + C$.

例3　求 $\int x \ln x \, \mathrm{d}x$.

解　$\int x \ln x \, \mathrm{d}x = \dfrac{1}{2} \int \ln x \, \mathrm{d}x^2 = \dfrac{1}{2} x^2 \ln x - \dfrac{1}{2} \int x^2 \, \mathrm{d}\ln x$

$\qquad = \dfrac{1}{2} x^2 \ln x - \dfrac{1}{2} \int x \, \mathrm{d}x = \dfrac{1}{2} x^2 \ln x - \dfrac{1}{4} x^2 + C$.

例4　求 $\int x^2 \mathrm{e}^x \, \mathrm{d}x$.

解　$\int x^2 \mathrm{e}^x \, \mathrm{d}x = \int x^2 \, \mathrm{d}\mathrm{e}^x = x^2 \mathrm{e}^x - \int \mathrm{e}^x \, \mathrm{d}x^2$

$\qquad = x^2 \mathrm{e}^x - 2 \int x \mathrm{e}^x \, \mathrm{d}x = x^2 \mathrm{e}^x - 2 \left(x \mathrm{e}^x - \int \mathrm{e}^x \, \mathrm{d}x \right)$

$$= x^2 e^x - 2x e^x + 2e^x + C.$$

有时要先用换元积分法再用分部积分法.

例 5　求 $\int e^{\sqrt{x}} dx$.

解　令 $\sqrt{x} = t$，则 $x = t^2$，$dx = 2t\, dt$. 因此

$$\int e^{\sqrt{x}} dx = \int e^t 2t\, dt = 2\int t e^t dt = 2\int t\, de^t = 2t e^t - 2\int e^t dt$$

$$= 2t e^t - 2e^t + C = 2\sqrt{x}\, e^{\sqrt{x}} - 2e^{\sqrt{x}} + C.$$

5.4 典型例题详解

例 1 设函数 $f(x)$ 在区间 I 内连续,且 $f(x) \neq 0$, 若 $F_1(x)$、$F_2(x)$ 是 $f(x)$ 的两个原函数,则在区间 I 内( ).

A. $F_1(x) = F_2(x)$
B. $F_1(x) = CF_2(x)$

C. $F_1(x) + F_2(x) = C$
D. $F_1(x) - F_2(x) = C$

其中 C 为任意常数.

解 选(D).

根据原函数的概念,一个函数有无数个原函数,原函数和原函数之间最多只相差一个常数.

例 2 $f(x) = 1 - \dfrac{1}{x}$ 的全部原函数是( ).

A. $\ln x$
B. $\dfrac{1}{x^2}$

C. $x - \ln |x| + C$
D. $1 - \ln |x| + C$

解 选(C).

$$\int \left(1 - \frac{1}{x}\right) dx = x - \ln |x| + C.$$

例 3 下列等式中,正确的选项是( ).

A. $\displaystyle\int f'(x) dx = f(x)$
B. $\dfrac{d}{dx} \displaystyle\int f(x) dx = f(x) + C$

C. $\displaystyle\int df(x) = f(x)$
D. $d \displaystyle\int f(x) dx = f(x) dx$

解 选(D).

$$d \int f(x) dx = \left(\int f(x) dx\right)' dx = f(x) dx.$$

$\displaystyle\int f'(x) dx = f(x) + C$, A 是错误的; $\dfrac{d}{dx} \displaystyle\int f(x) dx = f(x)$, B 是错误的;

$\displaystyle\int df(x) = f(x) + C$, C 是错误的.

例 4 若 $\int f(x)\mathrm{d}x = \dfrac{\ln x}{x} + C$，则 $f(x) = ($ $)$.

A. $\ln\ln x$

B. $\dfrac{1-\ln x}{x^2}$

C. $\dfrac{\ln x - 1}{x^2}$

D. $\dfrac{1}{2}(\ln x)^2$

解 选 (B).

$$f(x) = \left(\frac{\ln x}{x}\right)' = \frac{x(\ln x)' - \ln x (x)'}{x^2} = \frac{1-\ln x}{x^2}.$$

例 5 若 $f(x)$ 的一个原函数是 e^{-2x}，则 $\int f'(x)\mathrm{d}x = ($ $)$.

A. $\mathrm{e}^{-2x} + C$

B. $-2\mathrm{e}^{-2x}$

C. $-2\mathrm{e}^{-2x} + C$

D. $-\dfrac{1}{2}\mathrm{e}^{-2x} + C$

解 选 (C).

因为 $f(x) = (\mathrm{e}^{-2x})' = -2\mathrm{e}^{-2x}$，

所以 $\int f'(x)\mathrm{d}x = f(x) + C = -2\mathrm{e}^{-2x} + C$.

例 6 $\int \dfrac{1}{(2x+3)^{10}}\mathrm{d}x = ($ $)$.

A. $\dfrac{1}{9} \cdot \dfrac{1}{(2x+3)^9} + C$

B. $\dfrac{1}{18} \cdot \dfrac{1}{(2x+3)^9} + C$

C. $-\dfrac{1}{18} \cdot \dfrac{1}{(2x+3)^9} + C$

D. $-\dfrac{1}{18} \cdot \dfrac{1}{(2x+3)^{11}} + C$

解 选 (C).

$$\int \frac{1}{(2x+3)^{10}}\mathrm{d}x = \frac{1}{2}\int (2x+3)^{-10}\mathrm{d}(2x+3) = -\frac{1}{18}(2x+3)^{-9} + C$$

$$= -\frac{1}{18} \cdot \frac{1}{(2x+3)^9} + C.$$

例 7 设 $f(x)$ 的一个原函数是 $F(x)$，则 $\int xf(1-x^2)\mathrm{d}x = ($ $)$.

A. $\dfrac{1}{2}F(1-x^2) + C$

B. $-\dfrac{1}{2}F(1-x^2) + C$

C. $F(1-x^2) + C$

D. $2F(1-x^2) + C$

解 选 (B).

由题设 $\int f(x)\mathrm{d}x = F(x) + C$,则

$$\int xf(1-x^2)\mathrm{d}x = -\frac{1}{2}\int f(1-x^2)\mathrm{d}(1-x^2) = -\frac{1}{2}F(1-x^2)+C.$$

例 8 设 $F(x)=\mathrm{e}^x$ 是 $f(x)$ 的一个原函数,则 $\int xf(x)\mathrm{d}x = ($).

A. $\mathrm{e}^x(1+x)+C$ B. $\mathrm{e}^x(x-1)+C$

C. $-\mathrm{e}^x(1+x)+C$ D. $\mathrm{e}^x(1-x+C)$

解 选(B).

由题设 $f(x)=(\mathrm{e}^x)'=\mathrm{e}^x$,

所以 $\int xf(x)\mathrm{d}x = \int x\mathrm{e}^x\mathrm{d}x = \int x\mathrm{d}\mathrm{e}^x = x\mathrm{e}^x - \int \mathrm{e}^x\mathrm{d}x = x\mathrm{e}^x - \mathrm{e}^x + C.$

例 9 $\int \dfrac{f'(x)}{f(x)}\mathrm{d}x = ($).

A. $-\dfrac{1}{[f(x)]^2}+C$ B. $\dfrac{1}{2}[f(x)]^2+C$

C. $\ln|f(x)|+C$ D. $f(x)+C$

解 选(C).

$$\int \frac{f'(x)}{f(x)}\mathrm{d}x = \int \frac{1}{f(x)}\mathrm{d}f(x) = \ln|f(x)|+C.$$

例 10 设 $\int f(x)\mathrm{d}x = F(x)+C$,且 $x=at+b$,则 $\int f(t)\mathrm{d}t = ($).

A. $F(x)+C$ B. $F(t)+C$

C. $F(at+b)+C$ D. $\dfrac{1}{a}F(at+b)+C$

解 选(B).

由题设 $\int f(x)\mathrm{d}x = F(x)+C$,故 $\int f(t)\mathrm{d}t = F(t)+C.$

例 11 求不定积分 $\int \dfrac{(x-1)^2}{\sqrt{x}}\mathrm{d}x$.

解 $\displaystyle\int \frac{(x-1)^2}{\sqrt{x}}\mathrm{d}x = \int \frac{x^2-2x+1}{x^{\frac{1}{2}}}\mathrm{d}x = \int (x^{\frac{3}{2}}-2x^{\frac{1}{2}}+x^{-\frac{1}{2}})\mathrm{d}x$

$$= \frac{2}{5}x^{\frac{5}{2}} - \frac{4}{3}x^{\frac{3}{2}} + 2x^{\frac{1}{2}} + C.$$

例 12 求不定积分 $\int \dfrac{1-x^3+\sqrt{x}}{x\sqrt{x}}\mathrm{d}x$.

解 $\displaystyle\int \dfrac{1-x^3+\sqrt{x}}{x\sqrt{x}}\mathrm{d}x = \int \dfrac{1-x^3+x^{\frac{1}{2}}}{x^{\frac{3}{2}}} = \int\left(x^{-\frac{3}{2}}-x^{\frac{3}{2}}+\dfrac{1}{x}\right)\mathrm{d}x$

$$= -2x^{-\frac{1}{2}}-\dfrac{2}{5}x^{\frac{5}{2}}+\ln\mid x\mid+C.$$

例 13 求不定积分 $\int \dfrac{x^2}{1+x^2}\mathrm{d}x$.

解 $\displaystyle\int \dfrac{x^2}{1+x^2}\mathrm{d}x = \int \dfrac{1+x^2-1}{1+x^2}\mathrm{d}x = \int\left(1-\dfrac{1}{1+x^2}\right)\mathrm{d}x = x-\arctan x+C.$

例 14 求不定积分 $\int (3+7x)^{100}\mathrm{d}x$.

解 $\displaystyle\int (3+7x)^{100}\mathrm{d}x = \dfrac{1}{7}\int (3+7x)^{100}\mathrm{d}(3+7x) = \dfrac{1}{707}(3+7x)^{101}+C.$

例 15 求不定积分 $\int \dfrac{1}{\sqrt{1-x}}\mathrm{d}x$.

解 $\displaystyle\int \dfrac{1}{\sqrt{1-x}}\mathrm{d}x = -\int (1-x)^{-\frac{1}{2}}\mathrm{d}(1-x) = -2(1-x)^{\frac{1}{2}}+C.$

例 16 求不定积分 $\int \dfrac{1}{1+x}\mathrm{d}x$.

解 $\displaystyle\int \dfrac{1}{1+x}\mathrm{d}x = \int \dfrac{1}{1+x}\mathrm{d}(1+x) = \ln\mid 1+x\mid+C.$

例 17 求不定积分 $\int \mathrm{e}^{2x}\mathrm{d}x$.

解 $\displaystyle\int \mathrm{e}^{2x}\mathrm{d}x = \dfrac{1}{2}\int \mathrm{e}^{2x}\mathrm{d}2x = \dfrac{1}{2}\mathrm{e}^{2x}+C.$

例 18 求不定积分 $\int x\,\mathrm{e}^{x^2}\mathrm{d}x$.

解 $\displaystyle\int x\,\mathrm{e}^{x^2}\mathrm{d}x = \dfrac{1}{2}\int \mathrm{e}^{x^2}\mathrm{d}x^2 = \dfrac{1}{2}\mathrm{e}^{x^2}+C.$

例 19 求不定积分 $\int x\sqrt{1-x^2}\mathrm{d}x$.

解　$\displaystyle\int x\sqrt{1-x^2}\,\mathrm{d}x=-\frac{1}{2}\int(1-x^2)^{\frac{1}{2}}\mathrm{d}(1-x^2)=-\frac{1}{3}(1-x^2)^{\frac{3}{2}}+C.$

例 20　求不定积分 $\displaystyle\int\tan x\,\mathrm{d}x.$

解　$\displaystyle\int\tan x\,\mathrm{d}x=\int\frac{\sin x}{\cos x}\mathrm{d}x=-\int\frac{1}{\cos x}\mathrm{d}\cos x=-\ln\mid\cos x\mid+C.$

例 21　求不定积分 $\displaystyle\int\frac{1}{\mathrm{e}^x+\mathrm{e}^{-x}}\mathrm{d}x.$

解　$\displaystyle\int\frac{1}{\mathrm{e}^x+\mathrm{e}^{-x}}\mathrm{d}x=\int\frac{\mathrm{e}^x}{\mathrm{e}^{2x}+1}\mathrm{d}x=\int\frac{1}{1+(\mathrm{e}^x)^2}\mathrm{d}(\mathrm{e}^x)=\arctan\mathrm{e}^x+C.$

例 22　求不定积分 $\displaystyle\int\frac{\sqrt{1+2\ln x}}{x}\mathrm{d}x.$

解　$\displaystyle\int\frac{\sqrt{1+2\ln x}}{x}\mathrm{d}x=\frac{1}{2}\int(1+2\ln x)^{\frac{1}{2}}\mathrm{d}(1+2\ln x)=\frac{1}{3}(1+2\ln x)^{\frac{3}{2}}+C.$

例 23　求不定积分 $\displaystyle\int\frac{x^3}{\sqrt[3]{x^4+2}}\mathrm{d}x.$

解　$\displaystyle\int\frac{x^3}{\sqrt[3]{x^4+2}}\mathrm{d}x=\frac{1}{4}\int(x^4+2)^{-\frac{1}{3}}\mathrm{d}(x^4+2)=\frac{3}{8}(x^4+2)^{\frac{2}{3}}+C.$

例 24　求不定积分 $\displaystyle\int\frac{x}{1+x}\mathrm{d}x.$

解　$\displaystyle\int\frac{x}{1+x}\mathrm{d}x=\int\left(1-\frac{1}{1+x}\right)\mathrm{d}x=x-\ln\mid1+x\mid+C.$

例 25　求不定积分 $\displaystyle\int\sin^2 x\,\mathrm{d}x.$

解　$\displaystyle\int\sin^2 x\,\mathrm{d}x=\frac{1}{2}\int(1-\cos 2x)\mathrm{d}x=\frac{1}{2}\left(x-\frac{1}{2}\int\cos 2x\,\mathrm{d}2x\right)$
$$=\frac{1}{2}x-\frac{1}{4}\sin 2x+C.$$

例 26　求不定积分 $\displaystyle\int x\sqrt{x+1}\,\mathrm{d}x.$

解　令 $t=\sqrt{x+1}$，则 $x=t^2-1$，于是

$$\int x \sqrt{x+1}\,\mathrm{d}x = \int (t^2-1)t\,\mathrm{d}(t^2-1) = 2\int t^2(t^2-1)\,\mathrm{d}t = 2\int (t^4-t^2)\,\mathrm{d}t$$

$$= \frac{2}{5}t^5 - \frac{2}{3}t^3 + C = \frac{2}{5}(x+1)^{\frac{5}{2}} - \frac{2}{3}(x+1)^{\frac{3}{2}} + C.$$

例 27　求不定积分 $\displaystyle\int \frac{1}{\sqrt{2x+3}+2}\,\mathrm{d}x$.

解　令 $\sqrt{2x+3}=t$，则 $x = \dfrac{t^2-3}{2}$，于是

$$\int \frac{1}{\sqrt{2x+3}+2}\,\mathrm{d}x = \int \frac{1}{t+2}\,\mathrm{d}\left(\frac{t^2-3}{2}\right) = \int \frac{t}{t+2}\,\mathrm{d}t = \int \left(1 - \frac{2}{t+2}\right)\mathrm{d}t$$

$$= t - 2\ln|t+2| + C = \sqrt{2x+3} - 2\ln(\sqrt{2x+3}+2) + C.$$

例 28　求不定积分 $\displaystyle\int \frac{1}{\sqrt{x}-\sqrt[3]{x}}\,\mathrm{d}x$.

解　令 $x = t^6$，于是

$$\int \frac{1}{\sqrt{x}-\sqrt[3]{x}}\,\mathrm{d}x = \int \frac{1}{t^3-t^2}\,\mathrm{d}t^6 = 6\int \frac{t^3}{t-1}\,\mathrm{d}t$$

$$= 6\int \left(\frac{t^3-1}{t-1} + \frac{1}{t-1}\right)\mathrm{d}t = 6\int \left(t^2 + t + 1 + \frac{1}{t-1}\right)\mathrm{d}t$$

$$= 2t^3 + 3t^2 + 6t + 6\ln|t-1| + C$$

$$= 2x^{\frac{1}{2}} + 3x^{\frac{1}{3}} + 6x^{\frac{1}{6}} + 6\ln|x^{\frac{1}{6}}-1| + C.$$

例 29　求不定积分 $\displaystyle\int x\,\mathrm{e}^x\,\mathrm{d}x$.

解　$\displaystyle\int x\,\mathrm{e}^x\,\mathrm{d}x = \int x\,\mathrm{d}\mathrm{e}^x = x\,\mathrm{e}^x - \int \mathrm{e}^x\,\mathrm{d}x = x\,\mathrm{e}^x - \mathrm{e}^x + C.$

例 30　求不定积分 $\displaystyle\int x\sin x\,\mathrm{d}x$.

解　$\displaystyle\int x\sin x\,\mathrm{d}x = -\int x\,\mathrm{d}\cos x = -x\cos x + \int \cos x\,\mathrm{d}x = -x\cos x + \sin x + C.$

例 31　求不定积分 $\displaystyle\int x^2\cos x\,\mathrm{d}x$.

$$\int x^2\cos x\,\mathrm{d}x = \int x^2\,\mathrm{d}\sin x = x^2\sin x - \int \sin x\,\mathrm{d}x^2 = x^2\sin x - 2\int x\sin x\,\mathrm{d}x$$

$$= x^2\sin x + 2\int x\,\mathrm{d}\cos x = x^2\sin x + 2x\cos x - 2\int \cos x\,\mathrm{d}x$$

$$= x^2 \sin x + 2x \cos x - 2\sin x + C.$$

例 32 求不定积分 $\int \sin \sqrt{x} \, dx$.

解 令 $t = \sqrt{x}$，则 $x = t^2$，于是

$$\int \sin \sqrt{x} \, dx = \int \sin t \, dt^2 = 2\int t \sin t \, dt = -2\int t \, d\cos t = -2\left(t \cos t - \int \cos t \, dt\right)$$

$$= -2t \cos t + 2\sin t + C = -2\sqrt{x} \cos \sqrt{x} + 2\sin \sqrt{x} + C.$$

例 33 设曲线 $y = f(x)$ 与直线 $y = 3x$ 在点 $(2, 6)$ 处相切，又 $f''(x) = 4$，求此曲线方程.

解 $f''(x) = 4 \Rightarrow f'(x) = 4x + C_1 \Rightarrow f(x) = 2x^2 + C_1 x + C_2$.

因直线 $y = 3x$ 在 $(2, 6)$ 点处与切线相切，

$f'(2) = 3 \Rightarrow 4 \times 2 + C_1 = 3 \Rightarrow C_1 = -5$，

$f(2) = 6 \Rightarrow 2 \times 2^2 - 5 \times 2 + C_2 = 6 \Rightarrow C_2 = 8$.

所以，所求曲线方程为 $f(x) = 2x^2 - 5x + 8$.

例 34 一物体由静止开始作直线运动，t s 的速度为 $3t^2$ m/s.

(1) 求经 3 s 后物体离开出发点的距离.

(2) 物体与出发点的距离为 1 000 m 时需经过多少时间.

解 设 $s = s(t)$ 为物体经 t s 走过的路程，则 $\dfrac{ds}{dt} = 3t^2$，所以 $s = \int 3t^2 dt = t^3 + C$.

由 $s(0) = 0$，得 $C = 0$，故 $s(t) = t^3$.

(1) 经 3 s 后离开出发点的距离为 $s(3) = 3^3 = 27(\text{m})$.

(2) 物体离开出发点 1 000 m 时，经过的时间为

$t = \sqrt[3]{1\,000} = 10(\text{s})$.

练 习 题 五

1. 填空题.

(1) 若 $F'(x) = f(x)$，则 $\int f(x) \mathrm{d}x =$ _____.

(2) 若 $\int f\left(\dfrac{1}{x}\right) \mathrm{d}x = \dfrac{1}{x} + C$，则 $f(x) =$ _____.

(3) 若 $\int \dfrac{f(x)}{x} \mathrm{d}x = \ln\sqrt{x} + C$，则 $f'(x) =$ _____.

(4) 若 $f'(x^2) = \dfrac{1}{x}\ (x > 0)$，则 $f(x) =$ _____.

(5) 若 $\int f(x) \mathrm{d}x = \sqrt{x+1} + C$，则 $\int x f(2x^2 + 1) \mathrm{d}x =$ _____.

(6) 若 $\int \dfrac{f'(\ln x)}{x} \mathrm{d}x = x^2 + C$，则 $f(x) =$ _____.

(7) $\int \dfrac{f'(x)}{f(x)} \mathrm{d}x =$ _____.

2. 选择题.

(1) 若 $\int f(x) \mathrm{d}x = F(x) + C$，则 $f(x) = ($ ____ $)$.

A. $F'(x) + C$ B. $F'(x)$

C. $F(x)$ D. 前面答案都不对

(2) 在某区间内,如果 $f'(x) = \varphi'(x)$，则一定有(____).

A. $f(x) = \varphi(x)$ B. $f(x) = \varphi(x) + C$

C. $\int f(x) \mathrm{d}x = \int \varphi(x) \mathrm{d}x$ D. $\left[\int f(x) \mathrm{d}x\right]' = \left[\int \varphi(x) \mathrm{d}x\right]'$

(3) 函数 $2(\mathrm{e}^{2x} - \mathrm{e}^{-2x})$ 的原函数为(____).

A. $(\mathrm{e}^x - \mathrm{e}^{-x})^2$ B. $\mathrm{e}^{2x} - \mathrm{e}^{-2x}$

C. $\mathrm{e}^x + \mathrm{e}^{-x}$ D. $4(\mathrm{e}^{2x} + \mathrm{e}^{-2x})$

(4) 若 $\int \mathrm{d}f(x) = \int \mathrm{d}g(x)$，则下列各式不正确的是(____).

A. $f(x) = g(x)$ B. $f'(x) = g'(x)$

C. $\mathrm{d}f(x) = \mathrm{d}g(x)$ D. $\mathrm{d}\int f'(x) \mathrm{d}x = \mathrm{d}\int g'(x) \mathrm{d}x$

(5) 若 $\int f(x)\mathrm{d}x = F(x) + C$, 则 $\int x^2 f(1-x^3)\mathrm{d}x = ($ $)$.

A. $F(1-x^3) + C$ B. $\dfrac{1}{3}F(1-x^3) + C$

C. $-F(1-x^3) + C$ D. $-\dfrac{1}{3}F(1-x^3) + C$

(6) 若 e^x 是 $f(x)$ 的一个原函数, 则 $\int x f(x)\mathrm{d}x = ($ $)$.

A. $\mathrm{e}^x(1+x) + C$ B. $-\mathrm{e}^x(x+1) + C$

C. $\mathrm{e}^x(x-1) + C$ D. $-\mathrm{e}^x(x-1) + C$

3. 求下列不定积分.

(1) $\int (3+7x)^{100}\mathrm{d}x$;

(2) $\int \dfrac{\mathrm{d}x}{\sqrt{x+1} - \sqrt{x-1}}$;

(3) $\int \dfrac{x}{\sqrt{1-x^2}}\mathrm{d}x$;

(4) $\int (2x+3)3^{x^2+3x}\mathrm{d}x$;

(5) $\int \dfrac{1+\ln x}{x}\mathrm{d}x$;

(6) $\int \dfrac{1}{x^2}\tan \dfrac{1}{x}\mathrm{d}x$;

(7) $\int \dfrac{\mathrm{d}x}{1+\cos x}$;

(8) $\int \dfrac{\sin \sqrt{x}}{\sqrt{x}}\mathrm{d}x$;

(9) $\int x\sqrt{3-x^2}\,\mathrm{d}x$;

(10) $\int x^2 \sin x^3\,\mathrm{d}x$;

(11) $\int x^2\sqrt{x^3+1}\,\mathrm{d}x$;

(12) $\int \dfrac{x}{x^2+1}\mathrm{d}x$;

(13) $\int \mathrm{e}^{\sin x}\cos x\,\mathrm{d}x$;

(14) $\int \dfrac{x}{x^4+1}\mathrm{d}x$;

(15) $\displaystyle\int \frac{\arctan x}{x^2+1}\mathrm{d}x$;

(16) $\displaystyle\int x\sqrt{2x+3}\,\mathrm{d}x$;

(17) $\displaystyle\int \frac{\mathrm{d}x}{1+\sqrt{1+2x}}$;

(18) $\displaystyle\int \frac{x^2}{\sqrt{1-x^2}}\mathrm{d}x$;

(19) $\displaystyle\int \frac{1}{1+\sqrt{2x}}\mathrm{d}x$;

(20) $\displaystyle\int \frac{\mathrm{d}x}{x\sqrt{x^2+4}}$;

(21) $\displaystyle\int \frac{\sqrt{x^2-2}}{x}\mathrm{d}x$;

(22) $\displaystyle\int \frac{\sqrt{x+9}}{x}\mathrm{d}x$;

(23) $\displaystyle\int \frac{1}{x\sqrt{x+1}}\mathrm{d}x$;

(24) $\displaystyle\int \frac{\sqrt{x}}{x+1}\mathrm{d}x$;

(25) $\displaystyle\int x^3\sqrt{9-x^2}\,\mathrm{d}x$;

(26) $\displaystyle\int \frac{x^2}{\sqrt{1-x^2}}\mathrm{d}x$;

(27) $\displaystyle\int \frac{\ln x}{x^2}\mathrm{d}x$;

(28) $\displaystyle\int \arctan x\,\mathrm{d}x$;

(29) $\displaystyle\int (\ln x)^2\mathrm{d}x$;

(30) $\displaystyle\int \sin\sqrt{x}\,\mathrm{d}x$.

参考答案

复习题五

复 习 题 五

1. 选择题.

(1) 若函数 $f(x)$ 有原函数,则原函数有(　　).

A. 一个　　　　　　　　　　　　B. 两个

C. 无穷多个　　　　　　　　　　D. 以上都不对

(2) 下列积分正确的是(　　).

A. $\displaystyle\int x^2 \mathrm{d}x = x^3 + C$

B. $\displaystyle\int \frac{1}{x^2} \mathrm{d}x = \frac{1}{x} + C$

C. $\displaystyle\int \cos x \mathrm{d}x = \sin x + C$

D. $\displaystyle\int \sin x \mathrm{d}x = \cos x + C$

(3) 设 $f(x)$ 的一个原函数是 $F(x)$,则 $\displaystyle\int f(x_0)\mathrm{d}x = ($　　$)$.

A. $F(x_0) + C$　　　　　　　　B. $f(x_0) + C$

C. $x f(x_0) + C$　　　　　　　　D. $x_0 F(x) + C$

(4) 下列等式正确的是(　　).

A. $\displaystyle\int f'(x)\mathrm{d}x = f(x)$

B. $\dfrac{\mathrm{d}}{\mathrm{d}x}\displaystyle\int f(x)\mathrm{d}x = f(x) + C$

C. $\displaystyle\int \mathrm{d}f(x) = f(x)$

D. $\mathrm{d}\displaystyle\int f(x)\mathrm{d}x = f(x)\mathrm{d}x$

(5) 函数 $2(\mathrm{e}^{2x} - \mathrm{e}^{-2x})$ 的其中一个原函数是(　　).

A. $(\mathrm{e}^x - \mathrm{e}^{-x})^2$　　　　　　　　B. $\mathrm{e}^{2x} - \mathrm{e}^{-2x}$

C. $\mathrm{e}^x + \mathrm{e}^{-x}$　　　　　　　　　D. $4(\mathrm{e}^{2x} + \mathrm{e}^{-2x})$

(6) 设 $\displaystyle\int f(x)\mathrm{d}x = \sin x^2 + C$,则 $f(x) = ($　　$)$.

A. $\cos x^2$　　　　　　　　　　B. $2x\cos x^2$

C. $2x\sin x^2$ D. $2\sin x^2$

(7) 设 $f(x)$ 的一个原函数是 $\dfrac{1}{x}$，则 $f'(x)=($).

A. $\dfrac{2}{x^3}$ B. $-\dfrac{1}{x^2}$

C. $\ln|x|$ D. $\dfrac{1}{x}$

(8) 已知 $x+\mathrm{e}^{-x}$ 是 $f(x)$ 的一个原函数，则 $f'(x)=($).

A. $1-\mathrm{e}^{-x}$ B. $1+\mathrm{e}^{-x}$

C. $x+\mathrm{e}^{-x}$ D. e^{-x}

(9) 设 $f'(x)=\cos x$，且有 $f(0)=1$，则 $f(x)=($).

A. $\cos x$ B. $\sin x$

C. $1+\sin x$ D. $1-\sin x$

(10) 已知函数 $F(x)$ 是 $\sin x^2$ 的一个原函数，则 $\mathrm{d}F(x^2)=($).

A. $2x\sin x^4\,\mathrm{d}x$ B. $\sin x^4\,\mathrm{d}x$

C. $2x\sin x^2\,\mathrm{d}x$ D. $\sin x^2\,\mathrm{d}x$

(11) $\displaystyle\int x\sqrt{1+x^2}\,\mathrm{d}x=($).

A. $(1+x^2)^{\frac{1}{2}}+C$ B. $\dfrac{1}{2}\ln(1+x^2)+C$

C. $\dfrac{1}{2}(1+x^2)^{\frac{1}{2}}+C$ D. $\dfrac{1}{3}(1+x^2)^{\frac{3}{2}}+C$

(12) $\displaystyle\int \dfrac{x}{4+x^2}\,\mathrm{d}x=($).

A. $\dfrac{x}{2}\arctan\dfrac{x}{2}+C$ B. $\dfrac{1}{2}\arctan\dfrac{x}{2}+C$

C. $\dfrac{1}{2}\ln(4+x^2)+C$ D. $2\ln(4+x^2)+C$

(13) $\displaystyle\int f'(2x)\,\mathrm{d}x=($).

A. $2f(2x)+C$ B. $\dfrac{1}{2}f(2x)+C$

C. $\dfrac{1}{2}f'(2x)+C$ D. $xf(2x)+C$

(14) 设 $f(x)$ 的一个原函数是 x^2，则 $\displaystyle\int xf(1-x^2)\,\mathrm{d}x=($).

A. $\dfrac{1}{2}(1-x^2)^2+C$ B. $-\dfrac{1}{2}(1-x^2)^2+C$

C. $2(1-x^2)^2+C$ D. $-2(1-x^2)^2+C$

(15) 若 $\int f(x)\mathrm{d}x = F(x) + C$，则 $\int x^2 f(1-x^3)\mathrm{d}x = ($　　$)$.

A. $F(1-x^3) + C$ 　　　　　　　 B. $\dfrac{1}{3}F(1-x^3) + C$

C. $-F(1-x^3) + C$ 　　　　　　 D. $-\dfrac{1}{3}F(1-x^3) + C$

2. 填空题.

(1) 若 $F'(x) = f(x)$，则 $\left[\int F'(x)\mathrm{d}x\right]' = $ _____ .

(2) 若 $\int \dfrac{f(x)}{x}\mathrm{d}x = \ln\sqrt{x} + C$，则 $f'(x) = $ _____ .

(3) $\mathrm{d}x = $ _____ $\mathrm{d}(1-3x)$，$\cos\dfrac{x}{4}\mathrm{d}x = $ _____ $\mathrm{d}\left(\sin\dfrac{x}{4}\right)$.

(4) $\int \dfrac{f'(x)}{f(x)}\mathrm{d}x = $ _____ .

(5) $\left[\int f(x)\mathrm{d}x\right]' = x^2$，则 $f'(x) = $ _____ .

(6) 若 $\int f(x)\mathrm{d}x = \mathrm{e}^{\sin x} + C$，则 $f(x) = $ _____ .

(7) $\int\left(\dfrac{1}{\sin^2 x} + 1\right)\mathrm{d}(\sin x) = $ _____ .

(8) 若 $\int f(x)\mathrm{d}x = \sqrt{x+1} + C$，则 $\int x f(2x^2+1)\mathrm{d}x = $ _____ .

(9) $\int x f''(x)\mathrm{d}x = $ _____ .

(10) $x\ln x$ 是 $f(x)$ 的一个原函数，则 $f'(x) = $ _____ .

3. 求下列不定积分.

(1) $\int \dfrac{1+x^3}{x\sqrt{x}}\mathrm{d}x$；

(2) $\int \dfrac{x^2+7x+12}{x+4}\mathrm{d}x$；

(3) $\int \dfrac{x^4}{1+x^2}\mathrm{d}x$；

(4) $\int \dfrac{2-\sqrt{x^5}+x\sin x}{x}\mathrm{d}x$；

(5) $\int \dfrac{1}{(1+2x)^2}\mathrm{d}x$；

(6) $\int \dfrac{1}{\sqrt{1-2x}}\mathrm{d}x$；

(7) $\int e^{2x-3} dx$;

(8) $\int \dfrac{1}{1-2x} dx$;

(9) $\int \dfrac{x^2}{1+x} dx$;

(10) $\int x \sin x^2 dx$;

(11) $\int x e^{-x^2} dx$;

(12) $\int x^2 \sqrt{1+x^3} dx$;

(13) $\int \dfrac{x^3}{\sqrt[3]{x^4+2}} dx$;

(14) $\int \dfrac{e^x}{1+e^x} dx$;

(15) $\int \dfrac{e^x}{1+e^{2x}} dx$;

(16) $\int \dfrac{e^{2x}}{1+e^{2x}} dx$;

(17) $\int \dfrac{\sqrt{\ln x}}{x} dx$;

(18) $\int \dfrac{1}{x(1+\ln^2 x)} dx$;

(19) $\int \sin^2 x \cos x dx$;

(20) $\int \cos^2 x dx$;

(21) $\int \cos^3 x dx$;

(22) $\int \dfrac{1}{1-x^2} dx$;

(23) $\int \dfrac{1}{1+\sqrt{x}} dx$;

(24) $\int \dfrac{x+3}{\sqrt{2x+1}} dx$;

(25) $\int \dfrac{x}{\sqrt{x+1}} dx$;

(26) $\int \dfrac{1}{x\sqrt{x+1}} dx$;

(27) $\displaystyle\int \frac{1}{\sqrt{x} + \sqrt[3]{x}}\mathrm{d}x$;

(28) $\displaystyle\int \ln(1 + x^2)\mathrm{d}x$;

(29) $\displaystyle\int x \cos x \, \mathrm{d}x$;

(30) $\displaystyle\int \mathrm{e}^{\sqrt{x}}\mathrm{d}x$;

(31) $\displaystyle\int (\ln x)^2 \mathrm{d}x$.

4. 火车快进站时需逐渐减速,假定在减速时,火车的速度是 $v(t) = 1 - \dfrac{t}{3}$ (km/min),

t 为减速时间.试求火车需在离站多少距离时开始减速.

第 6 章

定 积 分

　　定积分概念是在解决各种实际问题的过程中逐渐形成并发展起来的.本章将首先从实际问题出发引出定积分的概念,然后讨论定积分的基本性质,揭示定积分与不定积分的关系,给出定积分的计算方法,并简要介绍定积分在几何中的应用.

6.1 定积分的概念与性质

一、定积分问题举例

1. 曲边梯形面积

设函数 $y = f(x)$ 在 $[a, b]$ 上非负连续,由直线 $x = a$,$x = b$,$y = 0$ 及曲线 $y = f(x)$ 所围成的图形,称为曲边梯形(图 6-1),求曲边梯形的面积.

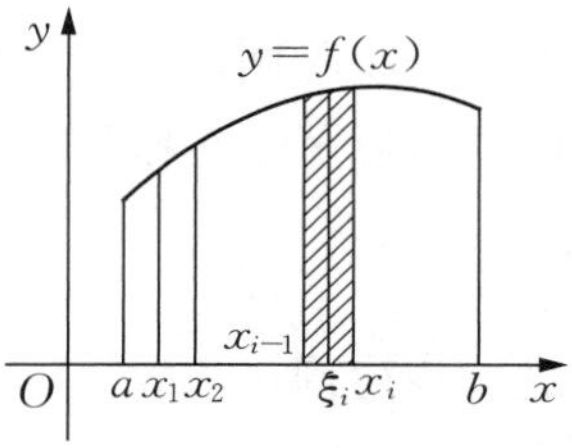

曲边梯形

在区间 $[a, b]$ 中任意插入若干个分点

$$a = x_0 < x_1 < x_2 \cdots < x_{n-1} < x_n = b$$

把 $[a, b]$ 分成 n 个小区间

图 6-1

$$[x_0, x_1], [x_1, x_2], \cdots, [x_{i-1}, x_i], \cdots, [x_{n-1}, x_n],$$

它们的长度依次为

求曲边梯形
面积

$$\Delta x_1 = x_1 - x_0, \Delta x_2 = x_2 - x_1, \cdots, \Delta x_i = x_i - x_{i-1}, \cdots, \Delta x_n = x_n - x_{n-1}.$$

经过每一个分点作平行于 y 轴的直线段,把曲边梯形分成 n 个窄曲边梯形,在每个小区间 $[x_{i-1}, x_i]$ 上任取一点 ξ_i,以 $[x_{i-1}, x_i]$ 为底,$f(\xi_i)$ 为高的窄边矩形近似替代第 i 个窄曲边梯形($i = 1, 2, \cdots, n$),把这样得到的 n 个窄边矩形面积之和作为所求曲边梯形面积 S 的近似值,即

$$S \approx f(\xi_i)\Delta x_1 + f(\xi_2)\Delta x_2 + \cdots + f(\xi_n)\Delta x_n$$
$$= \sum_{i=1}^{n} f(\xi_i)\Delta x_i.$$

设 $\lambda = \max\{\Delta x_1, \Delta x_2, \cdots, \Delta x_n\}$,$\lambda \to 0$ 时,可得曲边梯形的面积

$$S = \lim_{\lambda \to 0} \sum_{i=1}^{n} f(\xi_i)\Delta x_i.$$

2. 变速直线运动的路程

设某物体作直线运动,已知速度 $v = v(t)$ 是时间间隔 $[T_1, T_2]$ 上 t 的连续函数,计算在这段时间内物体所经过的路程 s.

在$[T_1, T_2]$内任意插入若干个分点

$$T_1 = t_0 < t_1 < t_2 < \cdots < t_{i-1} < t_i < \cdots < t_n = T_2.$$

把$[T_1, T_2]$分成n个小段

$$[t_0, t_1], [t_1, t_2], \cdots, [t_{i-1}, t_i], \cdots, [t_{n-1}, t_n],$$

各小段时间长依次为

$$\Delta t_1 = t_1 - t_0, \Delta t_2 = t_2 - t_1, \cdots, \Delta t_i = t_i - t_{i-1}, \cdots, \Delta t_n = t_n - t_{n-1},$$

相应各段的路程为

$$\Delta s_1, \Delta s_2, \cdots, \Delta s_i, \cdots, \Delta s_n.$$

在小时间段$[t_{i-1}, t_i]$上物体可看成匀速运动,任取一个时刻$\tau_i (t_{i-1} \leqslant \tau_i \leqslant t_i)$,以$\tau_i$时的速度$v(\tau_i)$来代替$[t_{i-1}, t_i]$上各个时刻的速度,则得

$$\Delta s_i \approx v(\tau_i)\Delta t_i \quad (i = 1, 2, \cdots, n),$$

进一步得到

$$s \approx v(\tau_1)\Delta t_1 + v(\tau_2)\Delta t_2 + \cdots + v(\tau_n)\Delta t_n$$
$$= \sum_{i=1}^{n} v(\tau_i)\Delta t_i.$$

设$\lambda = \max\{\Delta t_1, \Delta t_2, \cdots, \Delta t_n\}$,当$\lambda \to 0$时,得

$$s = \lim_{\lambda \to 0} \sum_{i=1}^{n} v(\tau_i)\Delta t.$$

二、定积分的定义

上述两例,一个是几何问题,一个是物理问题,虽然实际背景不同,但问题的本质是相同的,因而解决问题的方法是一样的,都归结为求具有同一结构的和式极限,即

$$\text{面积 } S = \lim_{\lambda \to 0} \sum_{i=1}^{n} f(\xi_i)\Delta x_i,$$

$$\text{路程 } s = \lim_{\lambda \to 0} \sum_{i=1}^{n} v(\tau_i)\Delta t_i.$$

很多实际问题都具有这样类似的数学模型,把它们进行抽象,便得到定积分的概念.

定义 6.1　设函数$f(x)$在$[a, b]$上有界,在$[a, b]$中任意插入若干个分点

$$a = x_0 < x_1 < x_2 < \cdots < x_{n-1} < x_n = b.$$

把区间$[a, b]$分成n个小区间$[x_0, x_1], [x_1, x_2], \cdots, [x_{n-1}, x_n]$,各个小区间的长度

依次为

$$\Delta x_1 = x_1 - x_0,\ \Delta x_2 = x_2 - x_1,\ \cdots,\ \Delta x_n = x_n - x_{n-1}.$$

在每个小区间 $[x_{i-1}, x_i]$ 上任取一点 $\xi_i (x_{i-1} \leqslant \xi_i \leqslant x_i)$，作和

$$S = \sum_{i=1}^{n} f(\xi_i) \Delta x_i.$$

记 $\lambda = \max\{\Delta x_1, \Delta x_2, \cdots, \Delta x_n\}$，如果当 $\lambda \to 0$ 时，和式 S 有极限，且此极限值不依赖于区间 $[a, b]$ 的分法和点 ξ_i 的取法，则称函数 $f(x)$ 在 $[a, b]$ 上**可积**，并称这个极限为函数 $f(x)$ 在区间 $[a, b]$ 上的**定积分**（简称**积分**），记作 $\displaystyle\int_a^b f(x)\mathrm{d}x$，即

$$\int_a^b f(x)\mathrm{d}x = \lim_{\lambda \to 0} \sum_{i=1}^{n} f(\xi_i) \Delta x_i,$$

其中 $f(x)$ 叫做**被积函数**，$f(x)\mathrm{d}x$ 叫做**被积表达式**，x 叫做**积分变量**，a 叫做**积分下限**，b 叫做**积分上限**.

关于定积分的定义，有几点说明：

(1) 定积分 $\displaystyle\int_a^b f(x)\mathrm{d}x$ 是一个确定的常数，它只与被积函数 $f(x)$ 及积分区间 $[a, b]$ 有关，与区间分法及 ξ_i 的取法无关，与积分变量用什么字母表示无关，即有

$$\int_a^b f(x)\mathrm{d}x = \int_a^b f(t)\mathrm{d}t = \int_a^b f(u)\mathrm{d}u.$$

(2) 在定积分中假定了 $a < b$，补充如下规定：

$$\int_a^a f(x)\mathrm{d}x = 0,\ \int_a^b f(x)\mathrm{d}x = -\int_b^a f(x)\mathrm{d}x.$$

图片

定积分的
几何意义

三、定积分的性质

性质 1　代数和的定积分等于定积分的代数和，即

$$\int_a^b [f(x) \pm g(x)]\mathrm{d}x = \int_a^b f(x)\mathrm{d}x \pm \int_a^b g(x)\mathrm{d}x.$$

性质 2　被积函数的常数因子可以提到积分号外面，即

$$\int_a^b k f(x)\mathrm{d}x = k \int_a^b f(x)\mathrm{d}x \quad (k \text{ 是常数}).$$

性质 3　如果将积分区间分成两部分，则在整个区间上的定积分等于这两个区间上定积分之和，即设 $a < c < b$，则

$$\int_a^b f(x)\mathrm{d}x = \int_a^c f(x)\mathrm{d}x + \int_c^b f(x)\mathrm{d}x.$$

可以证明,无论 a、c、b 的相对位置如何,总有上述等式成立.

性质 4　如果在区间 $[a,b]$ 上,$f(x)\equiv 1$,则

$$\int_a^b f(x)\mathrm{d}x = \int_a^b \mathrm{d}x = b-a.$$

性质 5　如果在区间 $[a,b]$ 上,$f(x)\leqslant g(x)$,则 $\int_a^b f(x)\mathrm{d}x \leqslant \int_a^b g(x)\mathrm{d}x\,(a<b)$.

推论 1　如果在区间 $[a,b]$ 上,$f(x)\geqslant 0$,则

$$\int_a^b f(x)\mathrm{d}x \geqslant 0 \quad (a<b).$$

性质 6　设 M 与 m 分别是函数 $f(x)$ 在 $[a,b]$ 上的最大值及最小值,则

$$m(b-a)\leqslant \int_a^b f(x)\mathrm{d}x \leqslant M(b-a) \quad (a<b).$$

性质 7　(定积分中值定理)如果函数 $f(x)$ 在闭区间 $[a,b]$ 上连续,则在区间 $[a,b]$ 上至少存在一点 ξ,使得

$$\int_a^b f(x)\mathrm{d}x = f(\xi)(b-a) \quad (a\leqslant \xi \leqslant b).$$

定积分中值定理的几何意义是:对于以 $[a,b]$ 为底边,曲线 $y=f(x)(f(x)\geqslant 0)$ 为曲边的曲边梯形,至少有一个以 $f(\xi)(a\leqslant \xi \leqslant b)$ 为高,$[a,b]$ 为底的矩形,使得它们的面积相等,如图 6-2 所示.

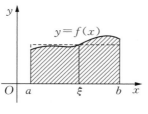

图 6-2

例 1　估计定积分 $\displaystyle\int_{-1}^1 \mathrm{e}^{-x^2}\mathrm{d}x$ 的值.

解　先求函数 $f(x)=\mathrm{e}^{-x^2}$ 在 $[-1,1]$ 上的最大值和最小值.

$f'(x)=-2x\mathrm{e}^{-x^2}$,令 $f'(x)=0$,得驻点 $x=0$.

比较 $f(x)$ 在驻点及区间端点处的函数值,$f(0)=\mathrm{e}^0=1$, $f(-1)=f(1)=\mathrm{e}^{-1}=\dfrac{1}{\mathrm{e}}$,

故最大值 $M=1$，最小值 $m=\dfrac{1}{e}$.

由性质 6 得，$\dfrac{2}{e} \leqslant \displaystyle\int_{-1}^{1} e^{-x^2} \, dx \leqslant 2.$

例 2　比较下列各对积分值的大小.

(1) $\displaystyle\int_{0}^{1} x \, dx$ 与 $\displaystyle\int_{0}^{1} x^2 \, dx$；

(2) $\displaystyle\int_{0}^{1} e^{-x} \, dx$ 与 $\displaystyle\int_{0}^{1} e^{x} \, dx$.

解　(1) 根据幂函数的性质，在 $[0, 1]$ 上有 $x \geqslant x^2$，所以 $\displaystyle\int_{0}^{1} x \, dx \geqslant \displaystyle\int_{0}^{1} x^2 \, dx$.

(2) 根据指数函数的性质，在 $[0, 1]$ 上有 $e^{-x} \leqslant e^{x}$，所以 $\displaystyle\int_{0}^{1} e^{-x} \, dx \leqslant \displaystyle\int_{0}^{1} e^{x} \, dx$.

6.2 牛顿-莱布尼茨公式

作为一种特殊的和式极限,计算定积分不是一件容易的事,这个问题在很长时间内都没有得到解决.幸运的是,牛顿和莱布尼茨找到了计算定积分的方法.他们把原函数和定积分两个看起来毫无关系的概念联系到了一起.

一、牛顿-莱布尼茨公式

定理 6.1 如果函数 $F(x)$ 是连续函数 $f(x)$ 在区间 $[a,b]$ 上的一个原函数,则

$$\int_a^b f(x)\mathrm{d}x = F(b) - F(a) = F(x)\ \big|_a^b.$$

牛顿-莱布尼茨公式揭示了定积分与不定积分之间的内在联系,给出了求连续函数定积分一个简便有效的方法.

例 计算下列定积分.

(1) $\int_0^1 x^2 \mathrm{d}x$;   (2) $\int_{-1}^{\sqrt{3}} \dfrac{1}{1+x^2}\mathrm{d}x$;   (3) $\int_0^\pi \sin x\,\mathrm{d}x$;

(4) $\int_1^2 \dfrac{\ln x}{x}\mathrm{d}x$;   (5) $\int_0^1 x\sin x^2\,\mathrm{d}x$.

解 (1) $\int_0^1 x^2\mathrm{d}x = \dfrac{1}{3}x^3\ \Big|_0^1 = \dfrac{1}{3} - 0 = \dfrac{1}{3}$.

(2) $\int_{-1}^{\sqrt{3}} \dfrac{1}{1+x^2}\mathrm{d}x = \arctan x\ \Big|_{-1}^{\sqrt{3}} = \dfrac{\pi}{3} - \left(-\dfrac{\pi}{4}\right) = \dfrac{7}{12}\pi$.

(3) $\int_0^\pi \sin x\,\mathrm{d}x = -\cos x\ \big|_0^\pi = 2$.

(4) $\int_1^2 \dfrac{\ln x}{x}\mathrm{d}x = \int_1^2 \ln x\,\mathrm{d}\ln x = \dfrac{1}{2}(\ln x)^2\ \Big|_1^2 = \dfrac{1}{2}(\ln 2)^2$.

(5) $\int_0^1 x\sin x^2\,\mathrm{d}x = \dfrac{1}{2}\int_0^1 \sin x^2\,\mathrm{d}x^2 = -\dfrac{1}{2}\cos x^2\ \Big|_0^1 = -\dfrac{1}{2}(\cos 1 - 1)$.

注:用牛顿-莱布尼茨公式计算定积分时,一般要求被积函数在给定的区间内无间断点,否则会出现错误.

例如，$\int_{-1}^{1} \dfrac{1}{x^2} \mathrm{d}x$，按照牛顿-莱布尼茨公式计算得 $\int_{-1}^{1} \dfrac{1}{x^2} \mathrm{d}x = -\dfrac{1}{x}\Big|_{-1}^{1} = -2$，这显然是错误的，因为被积函数 $\dfrac{1}{x^2} > 0$，其积分值应该非负. 事实上被积函数 $\dfrac{1}{x^2}$ 在 $x = 0$ 处无界，因而它在 $[-1, 1]$ 上不可积.

6.3 定积分的计算

定理 6.2 设函数 $f(x)$ 在 $[a,b]$ 上连续,令 $x=\varphi(t)$,如果

(1) $\varphi(t)$ 在区间 $[a,b]$ 上有连续的导函数 $\varphi'(t)$;

(2) $\varphi(t)$ 单调而且 $\varphi(\alpha)=a$,$\varphi(\beta)=b$,

则有换元积分公式:

$$\int_a^b f(x)\mathrm{d}x = \int_\alpha^\beta f(\varphi(t))\varphi'(t)\mathrm{d}t.$$

例 1 计算 $\displaystyle\int_0^1 x(2x-1)^4\mathrm{d}x$.

解 设 $2x-1=t$,则 $2\mathrm{d}x=\mathrm{d}t$,且 $x=0$ 时,$t=-1$;$x=1$ 时,$t=1$.

$$\int_0^1 x\,(2x-1)^4\mathrm{d}x = \int_{-1}^1 \frac{t+1}{2}t^4 \cdot \frac{1}{2}\mathrm{d}t = \frac{1}{4}\int_{-1}^1 (t^5+t^4)\mathrm{d}t = \frac{1}{10}.$$

例 2 计算 $\displaystyle\int_0^4 \frac{x+2}{\sqrt{2x+1}}\mathrm{d}x$.

解 设 $t=\sqrt{2x+1}$,则 $x=\dfrac{t^2-1}{2}$,$\mathrm{d}x=t\mathrm{d}t$.

$$\int_0^4 \frac{x+2}{\sqrt{2x+1}}\mathrm{d}x = \int_1^3 \frac{\dfrac{t^2-1}{2}+2}{t}t\mathrm{d}t = \frac{1}{2}\int_1^3 (t^2+3)\mathrm{d}t = \frac{1}{2}\left(\frac{t^3}{3}+3t\right)\Big|_1^3 = \frac{22}{3}.$$

例 3 计算 $\displaystyle\int_0^1 \sqrt{1-x^2}\,\mathrm{d}x$.

解 设 $x=\sin t$,则 $\mathrm{d}x=\cos t\mathrm{d}t$.

$$\int_0^1 \sqrt{1-x^2}\,\mathrm{d}x = \int_0^{\frac{\pi}{2}} \cos^2 t\,\mathrm{d}t = \int_0^{\frac{\pi}{2}} \frac{1+\cos 2t}{2}\mathrm{d}t = \frac{\pi}{4} + \frac{1}{4}\sin 2t\,\Big|_0^{\frac{\pi}{2}} = \frac{\pi}{4}.$$

例 4　设函数 $f(x)$ 在对称区间 $[-a, a]$ 上连续,证明:

(1) 当 $f(x)$ 为偶函数时,$\int_{-a}^{a} f(x)\mathrm{d}x = 2\int_{0}^{a} f(x)\mathrm{d}x$;

(2) 当 $f(x)$ 为奇函数时,$\int_{-a}^{a} f(x)\mathrm{d}x = 0$.

证明　$\int_{-a}^{a} f(x)\mathrm{d}x = \int_{-a}^{0} f(x)\mathrm{d}x + \int_{0}^{a} f(x)\mathrm{d}x$.

对第一个积分 $\int_{-a}^{0} f(x)\mathrm{d}x$ 作变换 $x = -t$,则

$$\int_{-a}^{0} f(x)\mathrm{d}x = -\int_{a}^{0} f(-t)\mathrm{d}t = \int_{0}^{a} f(-t)\mathrm{d}t = \int_{0}^{a} f(-x)\mathrm{d}x.$$

于是,$\int_{-a}^{a} f(x)\mathrm{d}x = \int_{0}^{a} f(-x)\mathrm{d}x + \int_{0}^{a} f(x)\mathrm{d}x = \int_{0}^{a} [f(-x) + f(x)]\mathrm{d}x$.

(1) $f(x)$ 为偶函数时,$f(x) + f(-x) = 2f(x)$,

故
$$\int_{-a}^{a} f(x)\mathrm{d}x = 2\int_{0}^{a} f(x)\mathrm{d}x.$$

(2) $f(x)$ 为奇函数时,$f(x) + f(-x) = 0$,

故
$$\int_{-a}^{a} f(x)\mathrm{d}x = 0.$$

例 5　求 $\int_{-1}^{1} x^2(x + \sqrt{1-x^2})^2\mathrm{d}x$.

解　$\int_{-1}^{1} x^2(x + \sqrt{1-x^2})^2\mathrm{d}x = \int_{-1}^{1} x^2(1 + 2x\sqrt{1-x^2})\mathrm{d}x = 2\int_{0}^{1} x^2\mathrm{d}x = \dfrac{2}{3}$.

例 6　设函数 $f(x) = \begin{cases} \dfrac{x}{1+x^4}, & x \leqslant 1, \\ x^2, & x > 1, \end{cases}$ 计算 $\int_{0}^{2} f(2x-1)\mathrm{d}x$.

解　设 $2x - 1 = t$,则

$$\int_{0}^{2} f(2x-1)\mathrm{d}x = \int_{-1}^{3} f(t)\mathrm{d}t = \int_{-1}^{1} f(t)\mathrm{d}t + \int_{1}^{3} f(t)\mathrm{d}t$$

$$= \int_{-1}^{1} \frac{t}{1+t^4}\mathrm{d}t + \int_{1}^{3} t^2\mathrm{d}t = 0 + \frac{1}{3}t^3 \Big|_{1}^{3} = \frac{26}{3}.$$

例 7　设 $f(x)$ 在 $[0, 1]$ 上连续,证明:

$$\int_{0}^{\frac{\pi}{2}} f(\sin x)\mathrm{d}x = \int_{0}^{\frac{\pi}{2}} f(\cos x)\mathrm{d}x.$$

证明　设 $x = \dfrac{\pi}{2} - t$,则 $\mathrm{d}x = -\mathrm{d}t$.

$$\int_0^{\frac{\pi}{2}} f(\sin x)\mathrm{d}x = -\int_{\frac{\pi}{2}}^0 f\left[\sin\left(\frac{\pi}{2} - t\right)\right]\mathrm{d}t = \int_0^{\frac{\pi}{2}} f(\cos t)\mathrm{d}t = \int_0^{\frac{\pi}{2}} f(\cos x)\mathrm{d}x .$$

二、定积分的分部积分法

设 $u(x)$, $v(x)$ 在 $[a, b]$ 上具有连续导数,与不定积分一样有

$$\int_a^b u\,\mathrm{d}v = uv \mid_a^b - \int_a^b v\,\mathrm{d}u .$$

上式称为定积分的分部积分公式.

例 8　求 $\displaystyle\int_0^1 \arcsin x\,\mathrm{d}x$.

解　$\displaystyle\int_0^1 \arcsin x\,\mathrm{d}x = x \arcsin x \mid_0^1 - \int_0^1 x\,\frac{1}{\sqrt{1 - x^2}}\mathrm{d}x$

$$= \arcsin 1 + \sqrt{1 - x^2} \mid_0^1 = \frac{\pi}{2} - 1 .$$

例 9　计算 $\displaystyle\int_0^1 \mathrm{e}^{\sqrt{x}}\,\mathrm{d}x$.

解　设 $\sqrt{x} = t$,则 $\displaystyle\int_0^1 \mathrm{e}^{\sqrt{x}}\,\mathrm{d}x = \int_0^1 \mathrm{e}^t\,\mathrm{d}t^2 = 2\int_0^1 t\,\mathrm{e}^t\,\mathrm{d}t = 2\int_0^1 t\,\mathrm{d}\mathrm{e}^t$

$$= 2t\,\mathrm{e}^t \mid_0^1 - 2\int_0^1 \mathrm{e}^t\,\mathrm{d}t = 2\mathrm{e} - 2(\mathrm{e} - 1) = 2 .$$

6.4　定积分的应用

　　定积分是在研究各种实际问题中抽象出来的数学模型.利用定积分解决实际问题先要了解问题的数学或物理背景,然后再确定解决问题的方法.一般来说,所解决的问题是不规则的,我们可以通过划分把不规则的量化为规则的量.例如,在求曲边梯形面积时,我们把不规则的曲边梯形分成很多近似规则的小矩形,在求变速直线运动的路程时,我们把时间段进行分割,每个小区间物体都可近似看成是匀速直线运动.

　　这种通过划分把不规则的量化为很多近似规则的量的方法称为微元法.

动画

一、用定积分求平面图形的面积

直角坐标
情形求面积

　　由定积分的几何意义可以知道,当 $f(x) \geqslant 0$ 时,定积分 $\int_a^b f(x)\mathrm{d}x$ 表示曲边梯形的面积;

如果 $f(x) \leqslant 0$,则定积分 $\int_a^b f(x)\mathrm{d}x$ 的负值表示曲边梯形的面积.下面介绍更为一般的情况.

　　(1) 由 $y=f(x)$, $y=g(x)$, $x=a$ 及 $x=b$ 所围成的平面图形(图 6-3)的面积为:

$$S = \int_a^b [f(x) - g(x)]\mathrm{d}x.$$

　　(2) 由 $x=\varphi(y)$, $x=\psi(y)$, $y=c$ 及 $y=d(c<d)$ 所围成的平面图形(图 6-4) 的面积为

$$S = \int_c^d [\psi(y) - \varphi(y)]\mathrm{d}y.$$

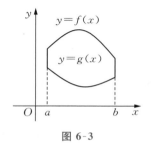

图 6-3

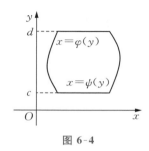

图 6-4

　　例 1　求由曲线 $y=x^3$ 与直线 $x=-1$, $x=2$ 及 x 轴所围成的平面图形的面积.

　　解　(1) 画出草图,求出曲线交点,确定积分区间.

（2）选择积分变量 x，$x \in [-1, 2]$.

（3）将所求面积表示为定积分：

$$A = \int_{-1}^{2} | x^3 | \, dx = \int_{-1}^{0} (-x^3) dx + \int_{0}^{2} x^3 dx$$

$$= -\frac{1}{4} x^4 \Big|_{-1}^{0} + \frac{1}{4} x^4 \Big|_{0}^{2} = \frac{17}{4}.$$

动画

定积分应用
（例 2）

例 2　求由曲线 $y = x^2$ 及 $x = y^2$ 围成的平面图形的面积 A.

解　求曲线 $y = x^2$ 及 $x = y^2$ 的交点，得 $(0, 0)$，$(1, 1)$.

如图 6-5 所示，面积 A 可表示为

$$A = \int_a^b [f(x) - g(x)] dx,$$

即

$$A = \int_0^1 (\sqrt{x} - x^2) dx = \left(\frac{2}{3} x^{\frac{3}{2}} - \frac{1}{3} x^3 \right) \Big|_0^1 = \frac{1}{3}.$$

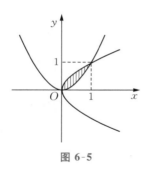

图 6-5

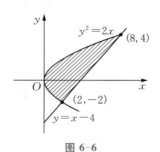

图 6-6

动画

定积分应用
（例 3）

例 3　求由曲线 $y^2 = 2x$ 与直线 $y = x - 4$ 所围成的面积.

解　解方程组：

$$\begin{cases} y^2 = 2x, \\ y = x - 4, \end{cases}$$

得交点 $(2, -2)$，$(8, 4)$，如图 6-6 所示.

取积分变量为 y，$-2 \leqslant y \leqslant 4$，所求面积为：

$$A = \int_{-2}^{4} \left(y + 4 - \frac{1}{2} y^2 \right) dy = 18.$$

动画

直角坐标下
求旋转体
体积

二、旋转体的体积

旋转体是由一个平面图形绕该平面内一条定直线旋转一周而生成的立体，该定直线称为**旋转轴**.

我们只讨论下列两种情形：

（1）由曲线 $y = f(x) \geqslant 0$，直线 $x = a$，$x = b$ 及 x 轴所围成的曲边梯形，绕 x 轴旋转一周而生成的立体的体积（图 6-7）.

取 x 为积分变量，则 $x \in [a, b]$，对于区间 $[a, b]$ 上的任一区间 $[x, x + \mathrm{d}x]$，它所对应的窄曲边梯形绕 x 轴旋转而生成的薄片的体积近似等于以 $f(x)$ 为底半径，$\mathrm{d}x$ 为高的圆柱体体积，即体积元素为

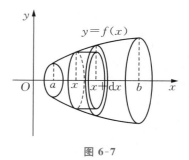

图 6-7

$$dV = \pi [f(x)]^2 \mathrm{d}x.$$

故所求的旋转体的体积为

$$V = \int_a^b \pi [f(x)]^2 \mathrm{d}x.$$

（2）由曲线 $x = \varphi(y) \geqslant 0$，直线 $y = c$，$y = d$ 及 y 轴所围成的曲边梯形绕 y 轴旋转而生成的旋转体的体积为

$$V = \int_c^d \pi [\varphi(y)]^2 \mathrm{d}y.$$

对于一个由连续曲线所围成的封闭区域绕 x 轴或 y 轴旋转所得的旋转体体积，可将该区域向 x 轴或 y 轴投影，化为前面的模型，求出体积，如图 6-8、图 6-9 所示.

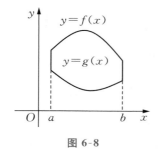

图 6-8

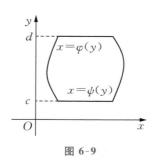

图 6-9

图 6-8 中封闭区域绕 x 轴旋转所得旋转体的体积 $V = \int_a^b \pi [f^2(x) - g^2(x)] \mathrm{d}x$.

图 6-9 中封闭区域绕 y 轴旋转所得旋转体的体积 $V = \int_c^d \pi [\psi^2(y) - \varphi^2(y)] \mathrm{d}y$.

例 4　求圆 $x^2 + y^2 = R^2$ 绕 x 轴旋转所得的球体体积.

解　该球实质是上半圆绕 x 轴旋转所得，将圆向 x 轴投影，有

$$V = \int_{-R}^R \pi (\sqrt{R^2 - x^2})^2 \mathrm{d}x = 2\pi \int_0^R (R^2 - x^2) \mathrm{d}x = 2\pi \left(R^3 - \frac{1}{3}R^3 \right) = \frac{4}{3}\pi R^3.$$

例 5   求由曲线 $y = x^2$ 与直线 $y = x$，$y = 2x$ 所围成的平面图形绕 x 轴旋转所得的旋转体体积.

解   向 x 轴投影，易求得抛物线与两直线的交点分别为 $(0，0)$、$(1，1)$、$(2，4)$，则

$$V = \int_0^1 \pi(4x^2 - x^2)\mathrm{d}x + \int_1^2 \pi(4x^2 - x^4)\mathrm{d}x = \pi + \frac{47}{15}\pi = \frac{62}{15}\pi.$$

三、定积分在经济学上的应用

利用定积分可以由经济量的边际函数求总量函数或该经济量在某个区间上的总量.

若区间 $[a，b]$ 上某经济量 $f(x)$ 的边际函数为 $f'(x)$，且对于 $x_0 \in [a，b]$，$f(x_0)$ 已知，则由

$$f(x) = [f(x) - f(x_0)] + f(x_0)$$

及牛顿-莱布尼茨公式可知，该经济量 $f(x)$ 的定积分表达式为

$$f(x) = \int_{x_0}^x f'(t)\mathrm{d}t + f(x_0)，$$

而在区间 $[a，b]$ 上的总量为

$$f(b) - f(a) = \int_a^b f'(x)\mathrm{d}x.$$

例 6   已知企业生产某产品的总产量的变化率 Q' 与月份 t 的关系为

$$Q'(t) = 4t - 0.3t^2.$$

分别求该企业上半年和下半年的总产量.

解   由题意，该企业上半年的总产量为

$$Q_1 = \int_0^6 Q'(t)\mathrm{d}t = \int_0^6 (4t - 0.3t^2)\mathrm{d}t = (2t^2 - 0.1t^3)\ |_0^6 = 50.4.$$

下半年的总产量为

$$Q_2 = \int_6^{12} Q'(t)\mathrm{d}t = \int_6^{12} (4t - 0.3t^2)\mathrm{d}t = (2t^2 - 0.1t^3)\ |_6^{12} = 64.8.$$

例 7   已知一个企业每日的边际收入与边际成本是日产量 x 的函数

$$r(x) = 104 - 8x，$$
$$C'(x) = x^2 - 8x + 40.$$

如果日固定成本为 250 元，求：

(1) 日总利润函数 $L(x)$；

(2) 日获利最大时的产量.

解 (1) 日总收入函数为

$$R(x) = \int_0^x r(t)\mathrm{d}t = \int_0^x (104 - 8t)\mathrm{d}t = 104x - 4x^2.$$

由于日固定成本为 250 元，即 $C(0) = 250$，因此日总成本函数为

$$C(x) = [C(x) - C(0)] + C(0) = \int_0^x C'(t)\mathrm{d}t + C(0)$$

$$= \int_0^x (t^2 - 8t + 40)\mathrm{d}t + 250 = \frac{1}{3}x^3 - 4x^2 + 40x + 250.$$

于是，日总利润函数为

$$L(x) = R(x) - C(x)$$

$$= 104x - 4x^2 - \left(\frac{1}{3}x^3 - 4x^2 + 40x + 250\right)$$

$$= -\frac{1}{3}x^3 + 64x - 250.$$

(2) 日获利最大时的产量，即为 $L(x)$ 的最大值点，令

$$L'(x) = 64 - x^2 = 0,$$

可得 $(0, +\infty)$ 内唯一驻点 $x = 8$. 又 $L''(8) = -2x|_{x=8} < 0$，因此当 $x = 8$ 时，$L(x)$ 有极大值，这个极大值也是 $L(x)$ 的最大值，所以日获利最大时的产量为 8 个单位.

6.5　典型例题详解

例 1　设 $f(x)$ 为连续函数,则积分 $I = \int_t^s f(x+t)\mathrm{d}x$（　　）.

A. 与 x , s , t 有关　　　　　　　　B. 与 x , t 有关

C. 与 s , t 有关　　　　　　　　D. 仅与 x 有关

解　选(C).

定积分的值与积分变量无关,x 是积分变量,故 $I = \int_t^s f(x+t)\mathrm{d}x$ 仅与 s、t 有关.

例 2　$\int_{-a}^a \sqrt{a^2-x^2}\,\mathrm{d}x = (\quad)$.

A. πa^2　　　　　　　　　　B. $\dfrac{1}{2}\pi a^2$

C. $\dfrac{1}{4}\pi a^2$　　　　　　　　　　D. 0

解　选(B).

根据定积分的几何意义,定积分 $\int_{-a}^a \sqrt{a^2-x^2}\,\mathrm{d}x$ 对应的是由函数 $y = \sqrt{a^2-x^2}$,直线 $x = -a$, $x = a$ 及 x 轴围成的曲边梯形的面积,此图形正好是半径为 a 的半个圆的面积.

例 3　下列积分中,可直接使用牛顿-莱布尼茨公式计算其值的是(　　).

A. $\int_0^1 \dfrac{1}{\sqrt{1-x^2}}\mathrm{d}x$　　　　　　　B. $\int_{\frac{1}{e}}^e \dfrac{1}{\sqrt{x\ln x}}\mathrm{d}x$

C. $\int_0^1 \dfrac{x}{1+x^2}\mathrm{d}x$　　　　　　　D. $\int_0^1 \mathrm{e}^{x^2}\mathrm{d}x$

解　选(C).

A、B 两积分中,被积函数在所给区间上不连续,D 的被积函数的原函数不能用初等函数表示($\int \mathrm{e}^{x^2}\mathrm{d}x$ 积不出来).故 A、B、D 表示的积分不能直接用牛顿-莱布尼茨公式计算其值.而积分 $\int_0^1 \dfrac{x}{1+x^2}\mathrm{d}x$ 的被积函数 $f(x) = \dfrac{x}{1+x^2}\mathrm{d}x$ 在 $[0,1]$ 上连续,且 $\int \dfrac{x}{1+x^2}\mathrm{d}x = \dfrac{1}{2}\ln(1+x^2)+C$,由牛顿-莱布尼茨公式,$\int_0^1 \dfrac{x}{1+x^2}\mathrm{d}x = \dfrac{1}{2}\ln(1+x^2)\Big|_0^1 = \dfrac{1}{2}\ln 2$,故选 C.

例 4　设 a 为常数，且 $\int_0^1 (2x + a)\,\mathrm{d}x = 3$，则 $a = ($　　$)$.

A. 1　　　　　　　　B. 2　　　　　　　　C. -1　　　　　　　　D. -2

解　选(B).

$$\int_0^1 (2x + a)\,\mathrm{d}x = (x^2 + ax) \mid_0^1 = 1 + a = 3,\text{故 } a = 2.$$

例 5　下列积分中，积分值为 0 的是(　　).

A. $\int_{-\frac{\pi}{2}}^{\frac{\pi}{2}} \sin(x + 1)\,\mathrm{d}x$　　　　　　　　　　B. $\int_{-1}^{2} x^3\,\mathrm{d}x$

C. $\int_{-1}^{1} \mathrm{d}x$　　　　　　　　　　　　　　　D. $\int_{-\frac{\pi}{2}}^{\frac{\pi}{2}} x^3 \cos x\,\mathrm{d}x$

解　选(D).

因为被积函数 $x^3 \cos x$ 在区间 $\left[-\dfrac{\pi}{2},\ \dfrac{\pi}{2}\right]$ 上为奇函数，故 $\int_{-\frac{\pi}{2}}^{\frac{\pi}{2}} x^3 \cos x\,\mathrm{d}x = 0$.

例 6　$\int_0^3 \mid x - 2 \mid \mathrm{d}x = ($　　$)$.

A. $\dfrac{3}{2}$　　　　　　　　B. $\dfrac{5}{2}$　　　　　　　　C. $-\dfrac{3}{2}$　　　　　　　　D. 1

解　选(B).

$$\int_0^3 \mid x - 2 \mid \mathrm{d}x = \int_0^2 (2 - x)\,\mathrm{d}x + \int_2^3 (x - 2)\,\mathrm{d}x = \left(2x - \frac{1}{2}x^2\right) \Big|_0^2 + \left(\frac{1}{2}x^2 - 2x\right) \Big|_2^3$$

$$= \frac{5}{2}.$$

例 7　设 $f(x) = \begin{cases} x,\ 0 \leqslant x \leqslant 1, \\ \dfrac{1}{x^2},\ 1 < x \leqslant 2, \end{cases}$ 则 $\int_0^2 f(x)\,\mathrm{d}x = ($　　$)$.

A. 1　　　　　　　　B. -1　　　　　　　　C. 0　　　　　　　　D. 2

解　选(A).

$$\int_0^2 f(x)\,\mathrm{d}x = \int_0^1 x\,\mathrm{d}x + \int_1^2 \frac{1}{x^2}\,\mathrm{d}x = \frac{x^2}{2}\Big|_0^1 - \frac{1}{x}\Big|_1^2 = 1.$$

例 8　$\int_0^1 \dfrac{x - 1}{x + 1}\,\mathrm{d}x = ($　　$)$.

A. $\ln 2$　　　　　　B. $1 - \ln 2$　　　　　　C. $1 - 2\ln 2$　　　　　　D. $-\ln 2$

解　选(C).

$$\int_0^1 \frac{x-1}{x+1}\mathrm{d}x = \int_0^1 \left(1 - \frac{2}{x+1}\right)\mathrm{d}x = [x - 2\ln|x+1|]\,|_0^1 = 1 - 2\ln 2.$$

例 9 $\displaystyle\int_1^e \ln x \,\mathrm{d}x = (\qquad).$

A. e
B. 1

C. e^{-1}
D. $2e + 1$

解　选(B).

$$\int_1^e \ln x \,\mathrm{d}x = x\ln x\,|_1^e - \int_1^e \mathrm{d}x = e - (e-1) = 1.$$

例 10 $\displaystyle\int_0^1 e^{\sqrt{x}}\,\mathrm{d}x = (\qquad).$

A. e
B. $\dfrac{1}{2}$

C. $e^{\frac{1}{2}}$
D. 2

解　选(D).

令 $\sqrt{x} = t$，则 $\displaystyle\int_0^1 e^{\sqrt{x}}\,\mathrm{d}x = 2\int_0^1 t e^t \,\mathrm{d}t = 2(t e^t - e^t)\,|_0^1 = 2.$

例 11　设 $f(t)$ 为连续函数，则 $\displaystyle\int_0^1 f(\sqrt{1-x})\,\mathrm{d}x = (\qquad).$

A. $\displaystyle 2\int_0^1 x f(x)\,\mathrm{d}x$
B. $\displaystyle -2\int_0^1 x f(x)\,\mathrm{d}x$

C. $\displaystyle \frac{1}{2}\int_0^1 x f(x)\,\mathrm{d}x$
D. $\displaystyle -\frac{1}{2}\int_0^1 x f(x)\,\mathrm{d}x$

解　选(A).

令 $t = \sqrt{1-x}$，则 $x = 1 - t^2$，于是

$$\int_0^1 f(\sqrt{1-x})\,\mathrm{d}x = \int_1^0 f(t)\mathrm{d}(1-t^2) = -2\int_1^0 f(t)t\,\mathrm{d}t = 2\int_0^1 t f(t)\,\mathrm{d}t = 2\int_0^1 x f(x)\,\mathrm{d}x.$$

例 12　设 $a > 0$，$f(x)$ 在 $[-a, a]$ 上连续，则 $\displaystyle\int_{-a}^a f(-x)\,\mathrm{d}x = (\qquad).$

A. 0
B. $\displaystyle 2\int_0^a f(-x)\,\mathrm{d}x$

C. $\displaystyle \int_{-a}^a f(x)\,\mathrm{d}x$
D. $\displaystyle -\int_{-a}^a f(-x)\,\mathrm{d}x$

解　选(C).

令 $t = -x$，则 $\displaystyle\int_{-a}^a f(-x)\,\mathrm{d}x = \int_a^{-a} f(t)(-\mathrm{d}t) = \int_{-a}^a f(t)\,\mathrm{d}t = \int_{-a}^a f(x)\,\mathrm{d}x.$

例 13 设 $f(x)$ 在 $(-\infty, +\infty)$ 内具有连续的二阶导数，且 $f(0)=1$，$f(2)=3$，$f'(2)=5$，则 $\int_0^1 x f''(2x) \mathrm{d}x = ($ $)$.

A. 1   B. 2

C. 3   D. 4

解 选(B).

令 $t=2x$，则 $x=\dfrac{t}{2}$，于是

$$\int_0^1 x f''(2x)\mathrm{d}x = \int_0^2 \frac{t}{2} f''(t)\mathrm{d}\left(\frac{t}{2}\right) = \frac{1}{4}\int_0^2 t f''(t)\mathrm{d}t = \frac{1}{4}\int_0^2 t \mathrm{d}f'(t)$$

$$= \frac{1}{4}\left[t f'(t)\right]\Big|_0^2 - \frac{1}{4}\int_0^2 f'(t)\mathrm{d}t = \frac{1}{2}f'(2) - \frac{1}{4}\left[f(t)\right]\Big|_0^2 = \frac{5}{2} - \frac{1}{2} = 2.$$

例 14 求定积分 $\int_0^{2\pi} |\sin x|\,\mathrm{d}x$.

解 $\int_0^{2\pi} |\sin x|\,\mathrm{d}x = \int_0^{\pi} \sin x\,\mathrm{d}x + \int_{\pi}^{2\pi}(-\sin x)\mathrm{d}x = -\cos x\,|_0^{\pi} + \cos x\,|_{\pi}^{2\pi} = 4.$

例 15 求定积分 $\int_0^1 \dfrac{3}{\sqrt{3-2x}}\mathrm{d}x$.

解 $\int_0^1 \dfrac{3}{\sqrt{3-2x}}\mathrm{d}x = -\dfrac{3}{2}\int_0^1 (3-2x)^{-\frac{1}{2}}\mathrm{d}(3-2x) = -3\sqrt{3-2x}\,|_0^1 = 3(\sqrt{3}-1).$

例 16 求定积分 $\int_{\frac{\pi}{4}}^{\frac{\pi}{2}} \sin^2 x\,\mathrm{d}x$.

解 $\int_{\frac{\pi}{4}}^{\frac{\pi}{2}} \sin^2 x\,\mathrm{d}x = \int_{\frac{\pi}{4}}^{\frac{\pi}{2}} \dfrac{1-\cos 2x}{2}\mathrm{d}x = \dfrac{1}{2}\left(x - \dfrac{1}{2}\sin 2x\right)\Big|_{\frac{\pi}{4}}^{\frac{\pi}{2}} = \dfrac{1}{8}(\pi+2).$

例 17 求定积分 $\int_0^1 x\mathrm{e}^{-x^2}\mathrm{d}x$.

解 $\int_0^1 x\mathrm{e}^{-x^2}\mathrm{d}x = -\dfrac{1}{2}\int_0^1 \mathrm{e}^{-x^2}\mathrm{d}(-x^2) = -\dfrac{1}{2}\mathrm{e}^{-x^2}\Big|_0^1 = \dfrac{1}{2}\left(1-\dfrac{1}{\mathrm{e}}\right).$

例 18 求定积分 $\int_{-1}^1 \dfrac{1-x}{\sqrt{1-x^2}}\mathrm{d}x$.

解 $\int_{-1}^1 \dfrac{1-x}{\sqrt{1-x^2}}\mathrm{d}x = \int_{-1}^1 \dfrac{1}{\sqrt{1-x^2}}\mathrm{d}x - \int_{-1}^1 \dfrac{x}{\sqrt{1-x^2}}\mathrm{d}x = 2\int_0^1 \dfrac{1}{\sqrt{1-x^2}}\mathrm{d}x - 0$

$$= 2\arcsin x \mid_0^1 = 2 \times \frac{\pi}{2} = \pi.$$

例 19　求定积分 $\displaystyle\int_1^8 \frac{\mathrm{d}x}{x + \sqrt[3]{x}}$.

解　令 $\sqrt[3]{x} = t$，则 $x = t^3$，于是

$$\int_1^8 \frac{\mathrm{d}x}{x + \sqrt[3]{x}} = \int_1^2 \frac{1}{t^3 + t}\mathrm{d}t^3 = 3\int_1^2 \frac{t^2}{t^3 + t}\mathrm{d}t = 3\int_1^2 \frac{t}{t^2 + 1}\mathrm{d}t = \frac{3}{2}\int_1^2 \frac{1}{t^2 + 1}\mathrm{d}(t^2 + 1)$$

$$= \frac{3}{2}\ln(t^2 + 1)\,\Big|_1^2 = \frac{3}{2}(\ln 5 - \ln 2).$$

例 20　求定积分 $\displaystyle\int_2^{\frac{5}{2}} x\sqrt{5 - 2x}\,\mathrm{d}x$.

解　令 $\sqrt{5 - 2x} = t$，则 $x = \dfrac{5 - t^2}{2}$，于是

$$\int_2^{\frac{5}{2}} x\sqrt{5 - 2x}\,\mathrm{d}x = \int_1^0 \frac{5 - t^2}{2} \cdot t\,\mathrm{d}\Big(\frac{5 - t^2}{2}\Big) = -\frac{1}{2}\int_1^0 t^2(5 - t^2)\,\mathrm{d}t$$

$$= \Big(-\frac{5}{6}t^3 + \frac{1}{10}t^4\Big)\,\Big|_1^0 = \frac{11}{15}.$$

例 21　求定积分 $\displaystyle\int_0^1 x\,\mathrm{e}^x\,\mathrm{d}x$.

解　$\displaystyle\int_0^1 x\,\mathrm{e}^x\,\mathrm{d}x = \int_0^1 x\,\mathrm{d}\mathrm{e}^x = x\,\mathrm{e}^x\mid_0^1 - \int_0^1 \mathrm{e}^x\,\mathrm{d}x = \mathrm{e} - (\mathrm{e}^x)\mid_0^1 = \mathrm{e} - (\mathrm{e} - 1) = 1.$

例 22　设 $f(x)$ 满足方程 $x - f(x) = 2\displaystyle\int_0^1 f(x)\,\mathrm{d}x$，求定积分 $\displaystyle\int_0^1 f(x)\,\mathrm{d}x$.

解　令 $\displaystyle\int_0^1 f(x)\,\mathrm{d}x = a$（常数），则有 $x - f(x) = 2a$，即 $f(x) = x - 2a$.

$$\int_0^1 f(x)\,\mathrm{d}x = \int_0^1 (x - 2a)\,\mathrm{d}x = \Big(\frac{x^2}{2} - 2ax\Big)\,\Big|_0^1 = \frac{1}{2} - 2a,$$

即 $a = \dfrac{1}{2} - 2a \Rightarrow a = \dfrac{1}{6}$，所以 $\displaystyle\int_0^1 f(x)\,\mathrm{d}x = \dfrac{1}{6}$.

例 23　求由曲线 $y = \mathrm{e}^x$，$y = \mathrm{e}^{-x}$ 和直线 $x = 1$ 所围成的图形的面积.

解　$S = \displaystyle\int_0^1 (\mathrm{e}^x - \mathrm{e}^{-x})\,\mathrm{d}x = (\mathrm{e}^x + \mathrm{e}^{-x})\mid_0^1 = \mathrm{e} + \mathrm{e}^{-1} - 2.$

例 24　求由曲线 $y = \sin x$ 与 $y = \sin 2x$ 在区间 $(0, \pi)$ 内所围成的图形的面积.

解　$\begin{cases} y = \sin x \\ y = \sin 2x \end{cases} \Rightarrow$ 得交点 $(0,\,0)$,$\left(\dfrac{\pi}{3},\, \dfrac{\sqrt{3}}{2} \right)$.

$S = \displaystyle\int_{0}^{\frac{\pi}{3}} (\sin 2x - \sin x)\,\mathrm{d}x + \int_{\frac{\pi}{3}}^{\pi} (\sin x - \sin 2x)\,\mathrm{d}x$

$\quad = \left(-\dfrac{1}{2}\cos 2x + \cos x \right) \Big|_{0}^{\frac{\pi}{3}} + \left(-\cos x + \dfrac{1}{2}\cos 2x \right) \Big|_{\frac{\pi}{3}}^{\pi} = \dfrac{1}{4} + \dfrac{9}{4} = \dfrac{5}{2}.$

练 习 题 六

1. 填空题.

(1) $\displaystyle\int_{-1}^{1} \sqrt{1-x^2}\,\mathrm{d}x = $ _____.

(2) 设 $f(2x+1) = x\mathrm{e}^x$,则 $\displaystyle\int_{3}^{5} f(t)\,\mathrm{d}t = $ _____.

(3) 若 e^{-x^2} 是 $f(x)$ 的一个原函数,则 $\displaystyle\int_{0}^{1} xf'(x)\,\mathrm{d}x = $ _____.

(4) $\displaystyle\int_{-1}^{1} \frac{x\cos x}{1+x^2}\,\mathrm{d}x = $ _____.

(5) 已知 $f(x) = 2x - x^2\displaystyle\int_{0}^{1} f(x)\,\mathrm{d}x$,则 $\displaystyle\int_{0}^{1} f(x)\,\mathrm{d}x = $ _____.

2. 不计算积分,比较下列积分的大小.

(1) $\displaystyle\int_{3}^{4} \ln x\,\mathrm{d}x$ 与 $\displaystyle\int_{3}^{4} \ln^2 x\,\mathrm{d}x$;

(2) $\displaystyle\int_{0}^{\frac{\pi}{2}} x\,\mathrm{d}x$ 与 $\displaystyle\int_{0}^{\frac{\pi}{2}} \sin x\,\mathrm{d}x$;

(3) $\displaystyle\int_{0}^{\frac{\pi}{2}} \sin x\,\mathrm{d}x$ 与 $\displaystyle\int_{-\frac{\pi}{2}}^{0} \sin x\,\mathrm{d}x$;

(4) $\displaystyle\int_{0}^{1} x^2\sin^2 x\,\mathrm{d}x$ 与 $\displaystyle\int_{0}^{1} x\sin^2 x\,\mathrm{d}x$.

3. 计算下列定积分.

(1) $\displaystyle\int_{-1}^{1} (x-1)^3\,\mathrm{d}x$;

(2) $\displaystyle\int_{0}^{\sqrt{\ln 2}} x\mathrm{e}^{x^2}\,\mathrm{d}x$;

(3) $\displaystyle\int_{1}^{2} \frac{\sqrt{x^2-1}}{x}\,\mathrm{d}x$;

(4) $\displaystyle\int_{0}^{1} \frac{1}{\mathrm{e}^x+\mathrm{e}^{-x}}\,\mathrm{d}x$;

(5) $\displaystyle\int_{0}^{\pi} \sin^2 x\,\mathrm{d}x$;

(6) $\displaystyle\int_{4}^{9} \frac{\sqrt{x}}{\sqrt{x}-1}\,\mathrm{d}x$;

(7) $\displaystyle\int_{0}^{1} x\mathrm{e}^{-x}\,\mathrm{d}x$;

(8) $\displaystyle\int_{\frac{1}{\mathrm{e}}}^{\mathrm{e}} |\ln x|\,\mathrm{d}x$;

(9) $\displaystyle\int_{0}^{4} \frac{1}{1+\sqrt{x}}\,\mathrm{d}x$;

(10) $\displaystyle\int_{1}^{5} \frac{\sqrt{x-1}}{x}\,\mathrm{d}x$;

(11) $\displaystyle\int_{0}^{1} \frac{\sqrt{x}}{1+\sqrt[3]{x}}\,\mathrm{d}x$;

(12) $\displaystyle\int_{1}^{\sqrt{2}} \frac{\sqrt{x^2-1}}{x}\,\mathrm{d}x$;

(13) $\int_0^1 x^2 e^x \, dx$;

(14) $\int_0^{\frac{\pi}{2}} x^2 \cos x \, dx$;

(15) $\int_1^e \frac{\ln x}{x^3} \, dx$;

(16) $\int_{-1}^1 \frac{x^3 \cos x}{2x^2 - 1} \, dx$;

(17) $\int_0^1 x \mid 2x - 1 \mid dx$;

(18) $\int_0^{\frac{\pi}{2}} \sin \sqrt{x} \, dx$.

4. 设函数 $f(x) = \begin{cases} x^3 e^{x^2}, & x < 1, \\ 1 + x^2, & x \geqslant 1, \end{cases}$ 求 $\int_{-1}^2 f(x) \, dx$.

5. 设函数 $f(2x - 1) = x \ln x$, 求 $\int_1^3 f(x) \, dx$.

6. 求由下列曲线所围成的平面图形的面积.

(1) 曲线 $y = \frac{1}{2} x^2$ 与 $x^2 + y^2 = 8$ 所围成的平面图形;

(2) 曲线 $y = \frac{1}{x}$ 与直线 $y = x$ 及 $x = 2$ 所围成的平面图形;

(3) 曲线 $y^2 = 2x$ 与直线 $y = x - 4$ 所围成的平面图形;

(4) 曲线 $y = x - \ln x$, 直线 $x = 1$, $x = 2$ 及 x 轴所围成的平面图形.

7. 求下列各平面图形绕指定轴旋转所形成的旋转体的体积.

(1) 由抛物线 $y = x^2$ 与直线 $x + y = 2$ 所围成的平面图形绕 x 轴旋转形成的旋转体;

(2) 由抛物线 $y^2 = 4x$ 与 $y^2 = 8x - 4$ 所围成的平面图形绕 x 轴旋转形成的旋转体;

(3) 由曲线 $y = \sqrt{4 - x^2}$, $y = \sqrt{3x}$ 和 y 轴围成的平面图形, 分别绕 x 轴和 y 轴旋转形成的旋转体.

参考答案

复习题六

复 习 题 六

1. 选择题.

(1) 下列积分能直接使用牛顿-莱布尼茨公式的是( ).

A. $\int_0^3 \dfrac{x^3}{x^2+1}\mathrm{d}x$

B. $\int_{-1}^0 \dfrac{x}{\sqrt{1-x^2}}\mathrm{d}x$

C. $\int_0^4 \dfrac{\mathrm{d}x}{\sqrt{x}-2}$

D. $\int_{-1}^1 \dfrac{\mathrm{d}x}{x^2}$

(2) 设 $a \neq 0$,若 $\int_0^a x(1-2x)\mathrm{d}x = 0$,则 $a = ($).

A. $\dfrac{1}{3}$
B. $\dfrac{3}{2}$
C. $\dfrac{3}{4}$
D. 1

(3) 设 $f(x)$ 在区间 $[0,1]$ 上连续,令 $t = 2x$,则 $\int_0^1 f(2x)\mathrm{d}x = ($).

A. $\int_0^2 f(t)\mathrm{d}t$

B. $\dfrac{1}{2}\int_0^2 f(t)\mathrm{d}t$

C. $2\int_0^2 f(t)\mathrm{d}t$

D. $\dfrac{1}{2}\int_0^1 f(t)\mathrm{d}t$

(4) $\int_1^e \dfrac{1-x}{x}\mathrm{d}x = ($).

A. e
B. $e-2$
C. $1-e$
D. $2-e$

(5) $\dfrac{\mathrm{d}}{\mathrm{d}x}\int_0^1 \ln(2+x^2)\mathrm{d}x = ($).

A. $\ln(2+x^2)$
B. $\ln 3 - \ln 2$
C. 0
D. $\dfrac{2x}{2+x^2}$

(6) $\int_0^1 x^3 \mathrm{d}x ($ $)\int_0^1 x^2 \mathrm{d}x$.

A. $>$
B. $<$
C. $=$
D. 无法确定

(7) $\int_a^x f'(2t)\mathrm{d}t = ($).

A. $\dfrac{1}{2}[f(2x) - f(2a)]$

B. $2[f(2x) - f(2a)]$

C. $f(2x) - f(2a)$

D. $\dfrac{1}{2}[f(x) - f(a)]$

(8) $\displaystyle\int_0^\pi \sqrt{1-\sin^2 x}\,\mathrm{d}x = ($　　$)$.

A. 0 　　　　　　　　　　　　　　B. 1

C. 2 　　　　　　　　　　　　　　D. -2

(9) 设 $f(x)=\begin{cases} x^2,\ 0\leqslant x\leqslant 1, \\ 2-x,\ 1<x\leqslant 2, \end{cases}$ 则 $\displaystyle\int_0^2 f(x)\,\mathrm{d}x = ($　　$)$.

A. $\dfrac{5}{6}$ 　　　　　　　　　　　B. $\dfrac{1}{6}$

C. $\dfrac{11}{6}$ 　　　　　　　　　　D. $\dfrac{4}{3}$

(10) 由曲线 $y=2\sqrt{x}$，直线 $y=1$ 及 $x=0$ 围成的平面图形的面积 $S=($　　$)$.

A. $\dfrac{1}{4}$ 　　　　　　　　　　　B. $\dfrac{1}{12}$

C. $\dfrac{1}{2}$ 　　　　　　　　　　　D. $\dfrac{3}{2}$

2. 填空题.

(1) 若 $\displaystyle\int_0^1 (2x+k)\,\mathrm{d}x = 2$，则 $k=$ _____.

(2) $\displaystyle\int_{-\pi}^\pi (x^2+\sin x)\,\mathrm{d}x =$ _____.

(3) $\displaystyle\int_0^1 \sqrt{1-x^2}\,\mathrm{d}x =$ _____.

(4) $\displaystyle\int_{-1}^2 x\,|\,x\,|\,\mathrm{d}x =$ _____.

(5) $\displaystyle\int_{-1}^1 \sqrt{x^2-x^4}\,\mathrm{d}x =$ _____.

3. 计算题.

(1) $\displaystyle\int_{-1}^1 (1-x)^3\,\mathrm{d}x$；

(2) $\displaystyle\int_0^1 \dfrac{\mathrm{e}^x}{1+\mathrm{e}^x}\,\mathrm{d}x$；

(3) $\displaystyle\int_1^2 x\sqrt{x-1}\,\mathrm{d}x$；

(4) $\displaystyle\int_{-1}^1 \dfrac{x}{\sqrt{5-4x}}\,\mathrm{d}x$；

(5) $\displaystyle\int_{-\frac{\pi}{2}}^{\frac{\pi}{2}} (x^3+3)\cos 2x\,\mathrm{d}x$；

(6) $\displaystyle\int_{-1}^1 \dfrac{1-x^5}{\sqrt{1-x^2}}\,\mathrm{d}x$；

(7) 设 $f(x)=\begin{cases}1-x, & 0\leqslant x\leqslant 1\\ \ln x+1, & 1<x\leqslant 3\end{cases}$，求 $\int_0^3 f(x)\mathrm{d}x$；

(8) 设 $f(2x+1)=x\mathrm{e}^x$，求 $\int_3^5 f(t)\mathrm{d}t$；

(9) 求由曲线 $y=x^2$ 与直线 $y=x$ 围成的图形的面积；

(10) 求由曲线 $y=\dfrac{1}{x}$，直线 $y=x$ 与 $x=2$ 围成的图形的面积.

4. 设函数 $f(x)$ 在 $(-\infty,+\infty)$ 内连续，且满足 $f(x)=x^2-\int_0^a f(x)\mathrm{d}x$，其中 a 为常数且 $a\neq-1$，证明 $\int_0^a f(x)\mathrm{d}x=\dfrac{a^3}{3(1+a)}$；

第 7 章

多元函数微分学

前面我们学过了一元函数的导数及其应用,本章在此基础上介绍多元函数的概念,把导数的概念推广到多元函数,利用偏导数求二元函数极值,最后介绍拉格朗日乘数法求条件极值.

7.1 多元函数及其偏导数

一、多元函数的概念

在很多实际问题中,经常会遇到多个变量之间的依赖关系.

例 1 圆柱体的体积 V 与它的底面半径 r、高 h 之间具有关系

$$V = \pi r^2 h.$$

这里,当 r、h 取定一对值时,V 的值就随之确定.

例 2 某厂生产 A 产品 x 吨、B 产品 y 吨的总成本为

$$C = x^2 + xy + 3y^2 + 5x + 2y + 500(元).$$

当 x、y 取定一对值时,总成本 C 的值就随之确定.

上述两个例子的实际意义虽各不相同,但它们却有共同的性质,抽出这些共性便可得出以下二元函数的定义.

定义 7.1 设 D 是平面上的一个点集.如果对于每一个点 $(x, y) \in D$,变量 z 按照一定的对应法则 f 总有唯一确定的值与之对应,则称 z 是变量 x、y 的**二元函数**,记为

$$z = f(x, y).$$

动画

二元函数的
几何意义

其中 x 和 y 称为**自变量**,z 称为**因变量**,点集 D 称为该函数的**定义域**,数集 $\{z \mid z = f(x, y), (x, y) \in D\}$ 称为该函数的**值域**.

类似地可以定义三元及三元以上的函数,二元及二元以上的函数统称为**多元函数**.多元函数反映了两个及两个以上变量之间的依赖关系.

例 3 函数 $z = \ln(x + y)$ 的定义域为

$$\{(x, y) \mid x + y > 0\},$$

这是一个无界开区域(图 7-1).又如,函数 $z = \arcsin(x^2 + y^2)$ 的定义域为

$$\{(x, y) \mid x^2 + y^2 \leqslant 1\},$$

这是一个有界闭区域(图 7-2).

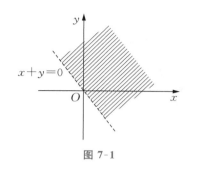

图 7-1

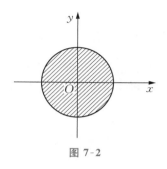

图 7-2

动画

二元函数
偏导数的
几何意义

二、二元函数的偏导数

在研究一元函数时,我们从研究函数的变化率入手引入了导数的概念,对于多元函数同样需要讨论它的变化率. 但多元函数的自变量不止一个,因变量与自变量的关系要比一元函数复杂得多.在这里,我们考虑多元函数关于其中一个自变量的变化率问题. 以二元函数 $z = f(x, y)$ 为例,如果只有自变量 x 变化,而自变量 y 固定(即看作常量),这时它就是 x 的一元函数,这时函数对 x 的导数,就称为二元函数 $z = f(x, y)$ 对于 x 的偏导数,即有如下定义:

定义 7.2　设函数 $z = f(x, y)$ 在点 (x_0, y_0) 及其附近有定义,当 y 固定在 y_0 而 x 在 x_0 处有增量 Δx 时,相应地,函数有增量

$$f(x_0 + \Delta x, y_0) - f(x_0, y_0),$$

如果 $\lim\limits_{\Delta x \to 0} \dfrac{f(x_0 + \Delta x, y_0) - f(x_0, y_0)}{\Delta x}$ 存在, 则称此极限为**函数 $z = f(x, y)$ 在点处 (x_0, y_0) 处对 x 的偏导数**,记为

$$\left.\frac{\partial z}{\partial x}\right|_{\substack{x=x_0 \\ y=y_0}},\ \left.\frac{\partial f}{\partial x}\right|_{\substack{x=x_0 \\ y=y_0}},\ \left.z'_x\right|_{\substack{x=x_0 \\ y=y_0}} \text{ 或 } f'_x(x_0, y_0).$$

类似地,**函数 $z = f(x, y)$ 在点 (x_0, y_0) 处对 y 的偏导数**为

$$\lim_{\Delta y \to 0} \frac{f(x_0, y_0 + \Delta y) - f(x_0, y_0)}{\Delta y},$$

记为 $\left.\dfrac{\partial z}{\partial y}\right|_{\substack{x=x_0 \\ y=y_0}},\ \left.\dfrac{\partial f}{\partial y}\right|_{\substack{x=x_0 \\ y=y_0}},\ \left.z'_y\right|_{\substack{x=x_0 \\ y=y_0}}$ 或 $f'_y(x_0, y_0).$

如果函数 $z = f(x, y)$ 在区域 D 内任一点 (x, y) 处对 x 的偏导数都存在,那么这个

偏导数就是 x、y 的函数,它就称为**函数 $z = f(x, y)$ 对自变量 x 的偏导函数**,记作 $\dfrac{\partial z}{\partial x}$,

$\dfrac{\partial f}{\partial x}$,$z'_x$ 或 $f'_x(x, y)$.

同理可以定义**函数 $z = f(x, y)$ 对自变量 y 的偏导函数**,记作 $\dfrac{\partial z}{\partial y}$,$\dfrac{\partial f}{\partial y}$,$z'_y$ 或 $f'_y(x, y)$.

以后在不至于引起混淆的情况下把偏导函数也简称为偏导数.

偏导数的概念可以推广到三元及三元以上函数.

三、偏导数的计算

由定义可知,求多元函数的偏导数的方法与求一元函数导数的方法是一样的.对其中一个变量求导,只要把其余变量看成常数即可.

例 4 求 $z = x^2 y + \dfrac{x}{y}$ 的偏导数 $\dfrac{\partial z}{\partial x}$,$\dfrac{\partial z}{\partial y}$.

解 对 x 求偏导数,把 y 看作常数,得 $\dfrac{\partial z}{\partial x} = 2xy + \dfrac{1}{y}$;

对 y 求偏导数,把 x 看作常数,得 $\dfrac{\partial z}{\partial y} = x^2 - \dfrac{x}{y^2}$.

例 5 求函数 $z = x^2 + 3xy + y^2$ 在点 $(1, 0)$ 处的偏导数.

解 因为 $\dfrac{\partial z}{\partial x} = 2x + 3y$,$\dfrac{\partial z}{\partial y} = 3x + 2y$,

所以 $\dfrac{\partial z}{\partial x}\bigg|_{\substack{x=1 \\ y=0}} = 2 \times 1 + 3 \times 0 = 2$,$\dfrac{\partial z}{\partial y}\bigg|_{\substack{x=1 \\ y=0}} = 3 \times 1 + 2 \times 0 = 3$.

例 6 求函数 $z = x^2 \sin 2y$ 的偏导数.

解 $\dfrac{\partial z}{\partial x} = 2x \sin 2y$,$\dfrac{\partial z}{\partial y} = x^2 \cos 2y \cdot 2 = 2x^2 \cos 2y$.

例 7 设函数 $z = x^y (x > 0, x \neq 1, y \neq 0)$,证明:

$$\frac{x}{y} \frac{\partial z}{\partial x} + \frac{1}{\ln x} \frac{\partial z}{\partial y} = 2z.$$

证明 因为 $\dfrac{\partial z}{\partial x} = y x^{y-1}$,$\dfrac{\partial z}{\partial y} = x^y \ln x$,

所以 $\dfrac{x}{y} \dfrac{\partial z}{\partial x} + \dfrac{1}{\ln x} \dfrac{\partial z}{\partial y} = \dfrac{x}{y} \cdot y x^{y-1} + \dfrac{1}{\ln x} \cdot x^y \ln x = x^y + x^y = 2z$.

例 8　已知 $z = z(x, y)$ 是由方程 $e^z = x^2 z + y \ln z$ 所决定的隐函数,求 z'_x.

解　方程两边对 x 求导,把 y 看成常数,把 z 看成 x 的函数,得

$$e^z \cdot z'_x = 2xz + x^2 z'_x + \frac{y}{z} \cdot z'_x.$$

解得 $z'_x = \dfrac{2xz^2}{z(e^z - x^2) - y}$.

四、二阶偏导数

一般地,函数 $z = f(x, y)$ 的两个偏导数 $f'_x(x, y)$ 和 $f'_y(x, y)$ 仍然是 x、y 的函数. 因此,可以考虑 $f'_x(x, y)$ 和 $f'_y(x, y)$ 的偏导数,即二阶偏导数,依次记为

$$f''_{xx}(x, y),\ f''_{xy}(x, y),\ f''_{yx}(x, y),\ f''_{yy}(x, y).$$

其中 $f''_{xy}(x, y)$,$f''_{yx}(x, y)$ 称为二阶混合偏导数.

例 9　设函数 $f(x, y) = x^3 y^2 - 3xy^3 - xy + 1$,求 $f''_{xx}(x, y)$, $f''_{xy}(x, y)$, $f''_{yx}(x, y)$, $f''_{yy}(x, y)$.

解　由于 $f'_x = 3x^2 y^2 - 3y^3 - y$,$f'_y = 2x^3 y - 9xy^2 - x$,得

$$f''_{xx} = 6xy^2,\quad f''_{yy} = 2x^3 - 18xy,$$
$$f''_{xy} = 6x^2 y - 9y^2 - 1,\quad f''_{yx} = 6x^2 y - 9y^2 - 1.$$

不难注意到,此例中的两个二阶混合偏导数相等,即 $f''_{xy} = f''_{yx}$. 事实上,若函数 $z = f(x, y)$ 的两个二阶混合偏导数在区域 D 内连续,则在该区域内这两个二阶混合偏导数必相等.

五、全微分

根据一元函数微分学中增量与微分的关系,可得

$$f(x + \Delta x, y) - f(x, y) \approx f'_x(x, y)\Delta x,$$
$$f(x, y + \Delta y) - f(x, y) \approx f'_y(x, y)\Delta y,$$

称 $\Delta z_x = f(x + \Delta x, y) - f(x, y)$ 为**关于 x 的偏增量**,$\Delta z_y = f(x, y + \Delta y) - f(x, y)$ 为**关于 y 的偏增量**.

对于函数 $z = f(x, y)$,在点 (x, y) 处的**全增量**为

$$\Delta z = f(x + \Delta x, y + \Delta y) - f(x, y).$$

可以证明,如果函数 $z = f(x, y)$ 在点 (x, y) 的偏导数 f'_x、f'_y 存在且连续,则

$$\Delta z = f(x + \Delta x, y + \Delta y) - f(x, y) \approx f'_x \Delta x + f'_y \Delta y,$$

它是函数全增量的主要部分,称 $\mathrm{d}z = f'_x \Delta x + f'_y \Delta y = \dfrac{\partial z}{\partial x} \Delta x + \dfrac{\partial z}{\partial y} \Delta y$ 为函数在点 (x, y) 处的**全微分**.

一个函数在点 (x, y) 处的全微分存在,就说它在该点**可微**.

对于自变量 x、y,有 $\mathrm{d}x = \Delta x$,$\mathrm{d}y = \Delta y$. 因此,函数 $z = f(x, y)$ 的全微分可写成

$$\mathrm{d}z = \frac{\partial z}{\partial x} \mathrm{d}x + \frac{\partial z}{\partial y} \mathrm{d}y.$$

例 10　求函数 $z = \dfrac{y}{x}$ 当 $x = 2$,$y = 1$,$\Delta x = 0.1$,$\Delta y = -0.2$ 时的全增量和全微分.

解　全增量 $\Delta z = f(2 + 0.1, 1 - 0.2) - f(2, 1) = \dfrac{0.8}{2.1} - \dfrac{1}{2} \approx 0.381 - 0.5 = -0.119$.

因为 $\dfrac{\partial z}{\partial x} = -\dfrac{y}{x^2}$,$\dfrac{\partial z}{\partial y} = \dfrac{1}{x}$,所以

$$\frac{\partial z}{\partial x}\bigg|_{\substack{x=2 \\ y=1}} = -\frac{1}{4} = -0.25, \quad \frac{\partial z}{\partial y}\bigg|_{\substack{x=2 \\ y=1}} = \frac{1}{2} = 0.5,$$

故全微分

$$\begin{aligned}
\mathrm{d}z\bigg|_{\substack{x=2 \\ y=1}} &= \frac{\partial z}{\partial x}\bigg|_{\substack{x=2 \\ y=1}} \mathrm{d}x + \frac{\partial z}{\partial y}\bigg|_{\substack{x=2 \\ y=1}} \mathrm{d}y \\
&= -0.25 \times 0.1 + 0.5 \times (-0.2) \\
&= -0.125.
\end{aligned}$$

例 11　计算函数 $z = x^2 y + y^2$ 的全微分.

解　因为 $\dfrac{\partial z}{\partial x} = 2xy$,$\dfrac{\partial z}{\partial y} = x^2 + 2y$,所以

$$\mathrm{d}z = 2xy\,\mathrm{d}x + (x^2 + 2y)\mathrm{d}y.$$

例 12　求函数 $z = \mathrm{e}^{xy}$ 在点 $(2, 1)$ 处的全微分.

解　因为 $\dfrac{\partial z}{\partial x} = y\mathrm{e}^{xy}$,$\dfrac{\partial z}{\partial y} = x\mathrm{e}^{xy}$,所以

$$\frac{\partial z}{\partial x}\bigg|_{\substack{x=2 \\ y=1}} = \mathrm{e}^2, \quad \frac{\partial z}{\partial y}\bigg|_{\substack{x=2 \\ y=1}} = 2\mathrm{e}^2.$$

因此 $\mathrm{d}z\bigg|_{\substack{x=2 \\ y=1}} = \mathrm{e}^2\,\mathrm{d}x + 2\mathrm{e}^2\,\mathrm{d}y.$

7.2 二元函数的极值

与一元函数类似,二元函数也可以定义其极值.

定义 7.3 设函数 $z=f(x,y)$ 在点 (x_0,y_0) 及其附近有定义,若对于异于 (x_0,y_0) 的点 (x,y) 满足不等式 $f(x,y)<f(x_0,y_0)$,则称函数 $f(x,y)$ 在点 (x_0,y_0) 取得**极大值**,(x_0,y_0) 是其**极大值点**;若满足不等式 $f(x,y)>f(x_0,y_0)$,则称函数在点 (x_0,y_0) 取得**极小值**,(x_0,y_0) 是其**极小值点**.

例如,函数 $f(x,y)=x^2+y^2$ 在点 $(0,0)$ 取得极小值 0,$(0,0)$ 是其极小值点.

这种函数的极值,其中的自变量除了限制在定义域内取值外,并无其他条件限制,这种极值称为**无条件极值**.

例 1 函数 $z=3x^2+4y^2$ 在点 $(0,0)$ 处有极小值.因为对于点 $(0,0)$ 及其附近,函数值都为正,而在点 $(0,0)$ 处函数值为零.从几何上看这是显然的,因为点 $(0,0,0)$ 是开口朝上的椭圆抛物面 $z=3x^2+4y^2$ 的顶点.函数 $z=\sqrt{1-x^2-y^2}$ 在点 $(0,0)$ 处有极大值 1,如图 7-3 所示.

定理 7.1(必要条件) 设函数 $z=f(x,y)$ 在点 (x_0,y_0) 具有偏导数,且在点 (x_0,y_0) 处取得极值,则必有

$$f'_x(x_0,y_0)=0,\quad f'_y(x_0,y_0)=0.$$

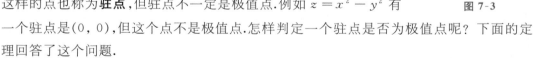

图 7-3

这样的点也称为**驻点**,但驻点不一定是极值点.例如 $z=x^2-y^2$ 有一个驻点是 $(0,0)$,但这个点不是极值点.怎样判定一个驻点是否为极值点呢? 下面的定理回答了这个问题.

定理 7.2(充分条件) 设函数 $z=f(x,y)$ 在点 (x_0,y_0) 及其附近连续,且有二阶连续偏导数,$f'_x(x_0,y_0)=0,f'_y(x_0,y_0)=0$,令

$$f''_{xx}(x_0,y_0)=A,\quad f''_{xy}(x_0,y_0)=B,\quad f''_{yy}(x_0,y_0)=C,则$$

(1) $B^2-AC<0$ 时,函数 $f(x,y)$ 在点 (x_0,y_0) 处取得极值,且当 $A<0$ 时取得极大值,当 $A>0$ 时取得极小值;

(2) $B^2-AC>0$ 时,函数 $f(x,y)$ 在点 (x_0,y_0) 处没有极值.

例 2 求函数 $f(x,y)=x^3-y^3+3x^2+3y^2-9x$ 的极值.

解 $f''_x(x, y) = 3x^2 + 6x - 9 = 0$，$f'_y(x, y) = -3y^2 + 6y = 0$，

$f''_{xx}(x, y) = 6x + 6$，$f''_{xy}(x, y) = 0$，$f''_{yy}(x, y) = -6y + 6$

由 $\begin{cases} f'_x(x, y) = 3x^2 + 6x - 9 = 0, \\ f'_y(x, y) = -3y^2 + 6y = 0, \end{cases}$

求得驻点为 $(1, 0)$、$(1, 2)$、$(-3, 0)$、$(-3, 2)$，列表分析如下：

	A	B	C	$B^2 - AC$	结　　论
$(1, 0)$	$12 > 0$	0	6	$-72 < 0$	最小值 $f(1, 0) = -5$
$(1, 2)$	12	0	-6	$72 > 0$	不是极值点
$(-3, 0)$	-12	0	6	$72 > 0$	不是极值点
$(-3, 2)$	$-12 < 0$	0	-6	$-72 < 0$	极大值 $f(-3, 2) = 31$

因此，函数的极小值为 $f(1, 0) = -5$，极大值为 $f(-3, 2) = 31$.

例 3   某厂要用铁板做出一个体积为 $2\ \mathrm{m^3}$ 的有盖长方体水箱.问当长、宽、高各取怎样的尺寸时，才能使用料最省？

解   设水箱的长为 x m，宽为 y m，则其高应为 $\dfrac{2}{xy}$ m，此水箱所用材料的面积

$$A = 2\left(xy + y \cdot \frac{2}{xy} + x \cdot \frac{2}{xy}\right),$$

即

$$A = 2\left(xy + \frac{2}{x} + \frac{2}{y}\right) \quad (x > 0, y > 0).$$

可见材料面积 A 是 x 和 y 的二元函数，这就是目标函数，下面求使这函数取得最小值的点 (x, y).

令

$$A_x = 2\left(y - \frac{2}{x^2}\right) = 0,$$

$$A_y = 2\left(x - \frac{2}{y^2}\right) = 0,$$

解这方程组，得

$$x = \sqrt[3]{2}, \ y = \sqrt[3]{2}.$$

从这个例子还可看出，在体积一定的长方体中，以立方体的表面积为最小.

在实际问题中，自变量之间有某种约束，这样的极值称为**条件极值**.

例 4   欲用铁皮制作一个容积为 V 的无盖长方体箱子，问箱子的长 x、宽 y、高 z 分别为多少时才能使用料最省（即箱子的表面积 S 最小）？

该问题的实质是:在约束条件 $xyz = V$ 下,求目标函数 $S = xy + 2xz + 2yz$ 的极小值.

一般地,在约束条件 $\varphi(x, y) = 0$ 下,求二元函数 $z = f(x, y)$ 的极值可以使用如下**拉格朗日乘数法**:

第一步,构造**拉格朗日函数**

$$L(x, y, \lambda) = f(x, y) + \lambda \varphi(x, y),$$

其中 λ 为待定常数,称为**拉格朗日乘数**.

第二步,求拉格朗日函数对每一个自变量的偏导数 L'_x,L'_y,L'_λ,联立方程

$$\begin{cases} L'_x = f'_x + \lambda \varphi'_x = 0, \\ L'_y = f'_y + \lambda \varphi'_y = 0, \\ L'_\lambda = \varphi(x, y) = 0, \end{cases}$$

解出 x、y、λ,所得的点 (x_0, y_0) 就是可能的极值点.

第三步,判断所求得的点是否为极值点(一般由问题的实际意义即可判定).

例 5 求函数 $f(x, y) = \ln xy$ 在约束条件 $3x + 2y = 24$ 下的极值.

解 构造拉格朗日函数

$$L(x, y, \lambda) = \ln xy + \lambda(3x + 2y - 24).$$

解方程组

$$\begin{cases} L'_x = \dfrac{1}{x} + 3\lambda = 0, \\ L'_y = \dfrac{1}{y} + 2\lambda = 0, \\ L'_\lambda = 3x + 2y - 24 = 0, \end{cases} \quad \text{解得} \begin{cases} x = 4, \\ y = 6. \end{cases}$$

这是唯一可能的极值点,故所求条件极值为 $f(4, 6) = \ln 24$.

求二元以上函数的条件极值,拉格朗日乘数法同样适用.

例 6 用拉格朗日乘数法求解例 4.

解 求三元函数 $S = xy + 2xz + 2yz$ 在约束条件 $xyz = V$ 下的极小值.

构造拉格朗日函数

$$L(x, y, z, \lambda) = xy + 2xz + 2yz + \lambda(xyz - V).$$

解方程组

$$
\begin{cases}
L'_x = y + 2z + \lambda yz = 0, \\
L'_y = x + 2z + \lambda xz = 0, \\
L'_z = 2x + 2y + \lambda xy = 0, \\
L'_\lambda = xyz - V = 0,
\end{cases}
$$

得 $x = y = 2\sqrt[3]{2V}$，$z = \sqrt[3]{2V}$.

　　这是唯一可能的极值点. 由问题本身的实际意义可知，最小值一定存在，所以最小值就在这个唯一可能的极值点 $(2\sqrt[3]{2V}, 2\sqrt[3]{2V}, \sqrt[3]{2V})$ 处取得，即当箱子的长和宽 $x = y = 2\sqrt[3]{2V}$、高 $z = \sqrt[3]{2V}$ 时，用料最省.

7.3　典型例题详解

例 1　求 $z = \sqrt{x - \sqrt{y}}$ 的定义域.

解　显然要使得上式有意义,必须满足 $\begin{cases} x - \sqrt{y} \geqslant 0 \\ y \geqslant 0 \end{cases} \Rightarrow \begin{cases} y \leqslant x^2, \\ y \geqslant 0. \end{cases}$

例 2　求函数 $z = \ln(y - x^2) + \sqrt{1 - y - x^2}$ 的定义域并画出定义域的图形.

解　(1) 要使函数有意义,需满足条件

$$\begin{cases} y - x^2 > 0, \\ 1 - y - x^2 \geqslant 0, \end{cases} \quad \text{即 } x^2 < y \leqslant 1 - x^2.$$

因此定义域为 $y = x^2$ 与 $y = 1 - x^2$ 围成的部分,包括曲线 $y = 1 - x^2$,如图 7-4 所示.

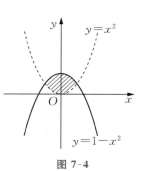

图 7-4

小结　多元函数的定义域的求法与一元函数的定义域的求法类似.一般先考虑三种情况:分母不为零;偶次根式的被开方式不小于零;要使对数函数,某些三角函数与反三角函数有意义.再建立不等式组,求出其公共部分就是多元函数的定义域.如果多元函数是几个函数的代数和或几个函数的乘积,其定义域就是这些函数定义域的公共部分.

例 3　设 $z = \dfrac{y}{x}$,求 $\dfrac{\partial z}{\partial x}$, $\dfrac{\partial x}{\partial y}$, $\dfrac{\partial y}{\partial z}$.

解　因为 $z = \dfrac{y}{x}$,所以视 y 为常数,则 $\dfrac{\partial z}{\partial x} = -\dfrac{y}{x^2}$;

又因为 $x = \dfrac{y}{z}$,所以视 z 为常数,则 $\dfrac{\partial x}{\partial y} = \dfrac{1}{z}$;

又因为 $y = xz$,所以视 x 为常数,则 $\dfrac{\partial y}{\partial z} = x$.

例 4　已知 $f(x, y) = e^{\frac{y}{\sin x}} \cdot \ln(x^3 + xy^2)$,求 $f_x(1, 0)$.

分析　如果先求出偏导函数 $f_x(x, y)$,再将 $x = 1, y = 0$ 代入求 $f_x(1, 0)$ 比较烦琐,但是若先把函数中的 y 固定在 $y = 0$,则可以简化计算.

解 $f(x, 0) = 3\ln x.$于是 $f_x(x, 0) = \dfrac{3}{x}$, $f_x(1, 0) = 3.$

例 5 $z = (y - 1)\sqrt{1 + x^2}\sin(x + y) + x^3$,求 $z'_x(2, 1).$

解 $z(x, 1) = x^3$, $z'_x(2, 1) = \dfrac{\mathrm{d}z(x, 1)}{\mathrm{d}x}\Big|_{x=2} = 3x^2\big|_{x=2} = 12.$

例 6 设 $z = x^2 - 2xy + 3y^3$ 在点 $(1, 2)$ 处存在偏导数,求 $\dfrac{\partial z}{\partial x}\Big|_{(1, 2)}$,$\dfrac{\partial z}{\partial y}\Big|_{(1, 2)}.$

解 $\dfrac{\partial z}{\partial x}\Big|_{(1, 2)} = 2x - 2y\,|_{(1, 2)} = 2 - 4 = -2,$

$\dfrac{\partial z}{\partial y}\Big|_{(1, 2)} = -2x + 9y^2\,|_{(1, 2)} = -2 + 36 = 34.$

例 7 设 $z = x^y y^x$,求 $\dfrac{\partial^2 z}{\partial x^2}$,$\dfrac{\partial^2 z}{\partial x \partial y}.$

解 $z = x^y y^x = \mathrm{e}^{y\ln x + x\ln y}$,所以 $\dfrac{\partial z}{\partial x} = \mathrm{e}^{y\ln x + x\ln y}\cdot\left[\dfrac{y}{x} + \ln y\right].$

$\dfrac{\partial^2 z}{\partial x^2} = \dfrac{\partial}{\partial x}\left(\dfrac{\partial z}{\partial x}\right) = \mathrm{e}^{y\ln x + x\ln y}\cdot\left[-\dfrac{y}{x^2} + \left(\dfrac{y}{x} + \ln y\right)^2\right] = x^y y^x\left[-\dfrac{y}{x^2} + \left(\dfrac{y}{x} + \ln y\right)^2\right],$

$\dfrac{\partial^2 z}{\partial x \partial y} = \dfrac{\partial}{\partial y}\left(\dfrac{\partial z}{\partial x}\right) = \left[\dfrac{1}{x} + \dfrac{1}{y}\right]x^y y^x + \left(\dfrac{y}{x} + \ln y\right)x^y y^x\left(\ln x + \dfrac{x}{y}\right).$

例 8 设 $z = \mathrm{e}^{\sqrt{x^2 + y^2}}$,(1) 求 $\mathrm{d}z$;(2) 求 $\mathrm{d}z\,|_{(1, 2)}.$

解 $z'_x = \mathrm{e}^{\sqrt{x^2 + y^2}}\cdot\dfrac{1}{2}\cdot(x^2 + y^2)^{-\frac{1}{2}}\cdot 2x,$

$z'_y = \mathrm{e}^{\sqrt{x^2 + y^2}}\cdot\dfrac{1}{2}\cdot(x^2 + y^2)^{-\frac{1}{2}}\cdot 2y,$

所以 $\mathrm{d}z = \mathrm{e}^{\sqrt{x^2 + y^2}}\cdot(x^2 + y^2)^{-\frac{1}{2}}\cdot(x\,\mathrm{d}x + y\,\mathrm{d}y),$

$\mathrm{d}z\,|_{(1, 2)} = \dfrac{1}{\sqrt{5}}\mathrm{e}^{\sqrt{5}}(\mathrm{d}x + 2\mathrm{d}y).$

例 9 求 $u = xyz$ 的全微分.

解 $\dfrac{\partial u}{\partial x} = yz$,$\dfrac{\partial u}{\partial y} = xz$,$\dfrac{\partial u}{\partial z} = xy.$ 显然这三个函数在空间中任意一点 (x, y, z) 处均可微,其全微分为

$$\mathrm{d}z = yz\,\mathrm{d}x + xz\,\mathrm{d}y + xy\,\mathrm{d}z.$$

例 10　求函数 $z = x^3 - 4x^2 + 2xy - y^2$ 的极值.

解　第一步:由极值的必要条件,求出所有的驻点.

$$\begin{cases} \dfrac{\partial z}{\partial x} = 3x^2 - 8x + 2y = 0, \\[2mm] \dfrac{\partial z}{\partial y} = 2x - 2y = 0. \end{cases}$$

解出

$$\begin{cases} x_1 = 0, \\ y_1 = 0, \end{cases} \quad \begin{cases} x_2 = 2, \\ y_2 = 2. \end{cases}$$

第二步:由二元函数极值的充分条件判断这两个驻点是否为极值点,为了简明表述,列表如下:

	$A = \dfrac{\partial^2 z}{\partial x^2}$ $= 6x - 8$	$B = \dfrac{\partial^2 z}{\partial x \partial y}$ $= 2$	$C = \dfrac{\partial^2 z}{\partial y}$ $= -2$	$B^2 - AC$	结　　论
$(0, 0)$	$-8 < 0$	$2 > 0$	$-2 < 0$	$-12 < 0$	是极值点,且为极大值点
$(2, 2)$	$4 > 0$	$2 > 0$	$-2 < 0$	$12 > 0$	不是极大值点

因此,函数的极大值为 $z(0, 0) = 0$.

例 11　求 $z = x^2 + y^2 + 5$ 在约束条件 $y = 1 - x$ 下的极值.

解　作辅助函数

$$F(x, y, \lambda) = x^2 + y^2 + 5 + \lambda(1 - x - y),$$

则有

$$F'_x = 2x - \lambda, \quad F'_y = 2y - \lambda.$$

解方程组

$$\begin{cases} 2x - \lambda = 0, \\ 2y - \lambda = 0, \\ 1 - x - y = 0, \end{cases}$$

得

$$x = y = \frac{1}{2}, \quad \lambda = 1.$$

现在判断 $P\left(\dfrac{1}{2}, \dfrac{1}{2}\right)$ 是否为条件极值点:

由于问题的实质是求旋转抛物面 $z = x^2 + y^2 + 5$ 与 $y = 1 - x$ 的交线,即开口向上的抛物线的极值,所以存在极小值,且在唯一驻点 $P\left(\dfrac{1}{2}, \dfrac{1}{2}\right)$ 处取得极小值 $z = \dfrac{11}{2}$.

例 12　某公司要用不锈钢板做成一个体积为 $8\ \mathrm{m}^3$ 的有盖长方体水箱.问水箱的长、宽、高如何设计,才能使用料最省?

解一　用条件极值求问题的解.

设长方体的长、宽、高分别为 x、y、z.依题意,有

$$xyz=8,\ S=2(xy+yz+zx).$$

令 $f(x,\ y,\ z,\ \lambda)=2(xy+yz+zx)+\lambda(xyz-8)$,

由 $\begin{cases} f'_x=2(y+z)+\lambda yz=0,\\ f'_y=2(x+z)+\lambda xz=0,\\ f'_z=2(y+x)+\lambda xy=0,\\ f'_\lambda=xyz-8=0, \end{cases}$ 解得驻点 $(2,\ 2,\ 2)$.

根据实际问题,最小值一定存在,且驻点唯一.因此,当水箱的长、宽、高分别为 $2\ \mathrm{m}$ 时,才能使用料最省.

解二　将条件极值转化为无条件极值.

设长方体的长、宽、高分别为 x、y、z.依题意,有

$$xyz=8,\ s=2(xy+yz+zx).$$

消去 z,得面积函数 $S=2\left(xy+\dfrac{8}{x}+\dfrac{8}{y}\right)$, $x>0$, $y>0$, $xy\leqslant 8$.

由 $\begin{cases} S_x=2\left(y-\dfrac{8}{x^2}\right)=0,\\ S_y=2\left(x-\dfrac{8}{y^2}\right)=0, \end{cases}$ 得驻点 $(2,\ 2)$.

根据实际问题,最小值一定存在,且驻点唯一.因此,$(2,\ 2)$ 为 $S(x,\ y)$ 的最小值点,即当水箱的长、宽、高分别为 $2\ \mathrm{m}$ 时,才能使用料最省.

例 13　用 a 元钱购料,建造一个宽与深相同的长方体水池,已知四周的单位面积材料费为底面单位面积材料费的 1.2 倍,求水池的长与宽为多少 m 时,才能使容积最大.

解　设水池底面的长为 $x\ \mathrm{m}$,宽和高为 $y\ \mathrm{m}$(图 7-5),底面单位面积材料费为 b(元/m^2),则侧面单位面积材料费为 $1.2b$(元/m^2),有

$$bxy+1.2b(2xy+2y^2)=a,\ 即\ 3.4bxy+2.4by^2=a.$$

长方体体积 $V=xy^2$.

应用条件极值,设 $A=xy^2+\lambda(3.4bxy+2.4by^2-a)$,

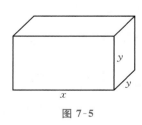

图 7-5

得偏导方程,有

$$\begin{cases} \dfrac{\partial A}{\partial x} = y^2 + \lambda \cdot 3.4by = 0, \\[2mm] \dfrac{\partial A}{\partial y} = 2xy + \lambda(3.4bx + 4.8by) = 0, \\[2mm] \dfrac{\partial A}{\partial \lambda} = 3.4bxy + 2.4by^2 - a = 0, \end{cases}$$

整理,得

$$x = \frac{4}{17}\sqrt{\frac{5a}{b}}, \quad y = \frac{1}{6}\sqrt{\frac{5a}{b}}.$$

由于驻点 $\left(\dfrac{4}{17}\sqrt{\dfrac{5a}{b}}, \dfrac{1}{6}\sqrt{\dfrac{5a}{b}} \right)$ 唯一,而使容积最大的情况存在,所以当长方体长为

$\dfrac{4}{17}\sqrt{\dfrac{5a}{b}}$ (m),宽和高为 $\dfrac{1}{6}\sqrt{\dfrac{5a}{b}}$ (m)时,长方体水池容积最大.

小结　求条件极值时,可以化为无条件极值去解决,或用拉格朗日乘数法.条件极值一般都是解决某些最大、最小值问题.在实际问题中,往往根据问题本身就可以判定最大(最小)值是否存在,并不需要比较复杂的条件(充分条件)去判断.

练 习 题 七

1. 填空题.

(1) 函数 $z = \ln(4 - x^2 - y^2)$ 的定义域为 _____ .

(2) 已知函数 $z = \sin(x^2 y)$,则 $\mathrm{d}z =$ _____ .

(3) 已知函数 $f(x - y,\ x + y) = x^2 + y^2$,则 $\dfrac{\partial f(x,\ y)}{\partial x} + \dfrac{\partial f(x,\ y)}{\partial y} =$ _____ .

(4) 若函数 $f(xy,\ x + y) = x^2 + y^2 + xy$,则 $\dfrac{\partial}{\partial y} f(x,\ y) =$ _____ .

(5) 设函数 $z = \arctan \dfrac{y}{x}$,则 $\dfrac{\partial^2 z}{\partial x \partial y} =$ _____ .

(6) 设函数 $z = \ln(\sqrt{x} + \sqrt{y})$,则 $x \dfrac{\partial z}{\partial x} + y \dfrac{\partial z}{\partial y} =$ _____ .

2. 计算题.

(1) 设函数 $z = \dfrac{y^2}{x} + (y - 1)\arctan \dfrac{xy}{x^2 + y^2}$,求 $\dfrac{\partial z}{\partial x}\Big|_{(-1,\ 1)}$.

(2) 设函数 $z = u^2 v - uv^2$,其中 $u = x \cos y$,$v = x \sin y$,求 $\dfrac{\partial z}{\partial x}$.

(3) 设函数 $z = \ln \sqrt{x^2 + y^2}$,求 $\dfrac{\partial^2 z}{\partial x^2} + \dfrac{\partial^2 z}{\partial y^2}$.

(4) 已知方程 $x^2 + y^2 + z^2 = 3xyz$,求 $\dfrac{\partial z}{\partial x}\Big|_{(1,\ 1,\ 1)}$.

3. 证明题.

(1) 设函数 $z = \dfrac{y}{\varphi(x^2 - y^2)}$,其中 φ 为可微函数,证明 $\dfrac{1}{x} \dfrac{\partial z}{\partial x} + \dfrac{1}{y} \dfrac{\partial z}{\partial y} = \dfrac{z}{y^2}$.

(2) 设函数 $z = x^2 f\left(\dfrac{y}{x}\right)$,其中 f 为可微函数,证明 $x \dfrac{\partial z}{\partial x} + y \dfrac{\partial z}{\partial y} = 2z$.

4. 求函数 $f(x,\ y) = x^2 - y^2 + 2$ 在条件 $x^2 + \dfrac{y^2}{4} = 1$ 下的极值.

5. 某公司可通过电台及报纸两种广告方式销售其商品.根据统计资料,销售收入 R (万元)与电台广告费 x_1(万元)及报纸广告费 x_2(万元)有如下经验公式:

$$R = 15 + 14x_1 + 32x_2 - 8x_1x_2 - 2x_1^2 - 10x_2^2.$$

（1）在广告费用不限的情况下，求最优广告策略；

（2）若提供的广告费为 1.5 万元，求相应的最优广告策略.

参考答案

复习题七

复 习 题 七

1. 设 $f(x, y) = x^2 + xy + y^2$，求 $f(1, 2)$.

2. 求函数 $z = \sqrt{4 - x^2 - y^2}\ln(x^2 + y^2 - 1)$ 的定义域，并画出定义域的图形.

3. 求函数 $z = \arcsin(x^2 + y^2)$ 的定义域.

4. 求函数 $z = x^2 + 3xy + y^2$ 在点 $(1, 2)$ 的偏导数.

5. 若 $f(x, y) = 2x + 3y$，求 $f'_x(1, 0)$.

6. 若 $f(x, y) = x^3 y^8$，求 $f'_x(1, 0)$，$f'_y(1, 1)$.

7. 若 $u = e^x \sin xy$，求 $\left.\dfrac{\partial u}{\partial x}\right|_{(0, 1)}$，$\left.\dfrac{\partial u}{\partial y}\right|_{(1, 0)}$.

8. 若 $z = \ln xy$，求 $\dfrac{\partial z}{\partial x}$，$\dfrac{\partial z}{\partial y}$.

9. 若 $f(x, y) = x + (y - 1)\ln \sin \sqrt{\dfrac{x}{y}}$，求 $f'_x(x, 1)$.

10. 设 $z = xy \ln y$，求 $\mathrm{d}z$.

11. 求函数 $z = xy$ 在点 $(2, 3)$ 处，关于 $\Delta x = 0.1$，$\Delta y = 0.2$ 的全增量与全微分.

12. 求函数 $f(x, y) = x^3 + 8y^3 - 6xy + 5$ 的极值.

13. 设 $z = 1 - x^2 - y^2$，(1) 求 $z = 1 - x^2 - y^2$ 的极值；(2) 求 $z = 1 - x^2 - y^2$ 在条件 $y = 2$ 下的极值.

14. 某工厂要用钢板制作一个容积为 $100\ \mathrm{m}^3$ 的有盖长方体容器，若不计钢板的厚度，怎样制作材料最省？

15. 生产某产品要用 A、B 两种原料，设该产品的产量 Q 与原料 A、B 的数量 x，y（单位：吨）间有关系式 $Q = 0.005x^2 y$. 要用 $15\,000$ 元购买原料，已知 A、B 原料的单价分别为 100 元/吨、200 元/吨，问购进两种原料各多少可使产品的产量最大？

附录 初等数学常用公式与有关知识选编

(一) 常用等式

$a^2 - b^2 = (a+b)(a-b)$.

$(a+b)^2 = a^2 + 2ab + b^2$；$(a-b)^2 = a^2 - 2ab + b^2$.

$(a+b)^3 = a^3 + 3a^2b + 3ab^2 + b^3$；$(a-b)^3 = a^3 - 3a^2b + 3ab^2 - b^3$.

$a^3 + b^3 = (a+b)(a^2 - ab + b^2)$；$a^3 - b^3 = (a-b)(a^2 + ab + b^2)$.

(二) 一元二次方程

一般形式：$ax^2 + bx + c = 0 \ (a \neq 0)$.

根的判别式：$\Delta = b^2 - 4ac$.

(1) 当 $\Delta > 0$ 时，方程有两个不等的实根；

(2) 当 $\Delta = 0$ 时，方程有两个相等的实根；

(3) 当 $\Delta < 0$ 时，方程无实根(有两个共轭复根).

求根公式：$x_1, x_2 = \dfrac{-b \pm \sqrt{b^2 - 4ac}}{2a}$.

根与系数的关系：

$$x_1 + x_2 = -\frac{b}{a}, \ x_1 x_2 = \frac{c}{a}.$$

(三) 不等式与不等式组

1. 一元一次不等式的解集

若 $ax + b > 0$，且 $a > 0$，则 $x > -\dfrac{b}{a}$；

若 $ax + b > 0$，且 $a < 0$，则 $x < -\dfrac{b}{a}$.

2. 一元一次不等式组的解集

设 $a < b$.

(1) $\begin{cases} x > a, \\ x > b \end{cases} \Rightarrow x > b$；

(2) $\begin{cases} x < a, \\ x < b \end{cases} \Rightarrow x < a$；

$(3)\begin{cases} x > a, \\ x < b \end{cases} \Rightarrow a < x < b;$

$(4)\begin{cases} x < a, \\ x > b \end{cases} \Rightarrow$ 空集

3. 一元二次不等式的解集

设 x_1、x_2 是一元二次方程 $ax^2 + bx + c = 0 \ (a \neq 0)$ 的根,且 $x_1 < x_2$,其根的判别式 $\Delta = b^2 - 4ac$. 一元二次不等式的解集见附表 1.

附表 1　一元二次不等式的解集

类　　型	$\Delta > 0$	$\Delta = 0$	$\Delta < 0$
$ax^2 + bx + c > 0$ $(a > 0)$	$x < x_1$ 或 $x > x_2$	$x \neq -\dfrac{b}{2a}$	$x \in \mathbf{R}$
$ax^2 + bx + c < 0$ $(a > 0)$	$x_1 < x < x_2$	空集	空集

4. 绝对值及绝对值不等式的解集:

(1) 定义:

$$y = \sqrt{x^2} = |x| = \begin{cases} x, & x \geqslant 0, \\ -x, & x < 0. \end{cases}$$

(2) 性质:

$$|a| = |-a|; \qquad \left|\dfrac{a}{b}\right| = \dfrac{|a|}{|b|}(b \neq 0)$$

$$|ab| = |a| \cdot |b|; \qquad |a| - |b| \leqslant |a \pm b| \leqslant |a| + |b|$$

绝对值及绝对值不等式的解集见附表 2.

附表 2　绝对值及绝对值不等式的解集

类　　型	$a > 0$	$a \leqslant 0$
$|x| < a$	$-a < x < a$	空集
$|x| > a$	$x < -a$ 或 $x > a$	$x \in \mathbf{R}$

(四) 指数与对数

1. 指数

(1) 定义

正整数指数幂:$a^n = \overbrace{a \cdot a \cdot \cdots \cdot a}^{n \text{个}} \ (n \in \mathbf{N}^*)$;

零指数幂:$a^0 = 1 \ (a \neq 0)$;

负整数指数幂：$a^{-n} = \dfrac{1}{a^n}$ $(a > 0, n \in \mathbf{N}^*)$；

有理指数幂：$a^{\frac{n}{m}} = \sqrt[m]{a^n}$ $(a > 0, m、n \in \mathbf{N}^*, m > 1)$.

（2）幂的运算法则

① $a^m \cdot a^n = a^{m+n}$ $(a > 0, m、n \in \mathbf{R})$；　　　② $\dfrac{a^m}{a^n} = a^{m-n}$；

③ $(a^m)^n = a^{mn}$ $(a > 0, m、n \in \mathbf{R})$；　　　④ $a^{\frac{m}{n}} = \sqrt[n]{a^m}$；

⑤ $(ab)^n = a^n \cdot b^n$ $(a > 0, b > 0, n \in \mathbf{R})$.

2. 对数

（1）定义

如果 $a^b = N(a > 0$ 且 $a \neq 1)$，那么，b 称为以 a 为底 N 的**对数**，记作 $\log_a N = b$，其中，a 称为**底数**，N 称为**真数**.以 10 为底的对数，叫做**常用对数**，记作 $\lg N$.

（2）性质

① 零与负数没有对数，即 $N > 0$；

② 1 的对数等于零，即 $\log_a 1 = 0$；

③ 底数的对数等于 1，即 $\log_a a = 1$；

④ $a^{\log_a N} = N$.

（3）运算法则

① $\log_a(M \cdot N) = \log_a M + \log_a N$ $(M > 0, N > 0)$；

② $\log_a \dfrac{M}{N} = \log_a M - \log_a N$ $(M > 0, N > 0)$；

③ $\log_a M^n = n\log_a M$ $(M > 0)$；

④ $\log_a \sqrt[n]{M} = \dfrac{1}{n}\log_a M$ $(M > 0)$；

⑤ $\log_a N = \dfrac{\log_b N}{\log_b a}$ $(N > 0)$（换底公式）.

（五）复数

1. 复数的概念

（1）虚数单位

把数的范围从实数扩展到复数，引进虚数单位 i，它具有以下性质：

1）$i^2 = -1$；

2）可以与实数一起进行四则运算.

虚数单位 i 的幂运算有下面的公式：

$$i^{4n} = 1, \ i^{4n+1} = i, \ i^{4n+2} = -1, \ i^{4n+3} = -i \ (n \in \mathbf{N}).$$

（2）复数的定义

形如 $a+bi$（a、b 都是实数且 $b\neq0$?）的数称为**复数**，a 称为复数的**实部**，bi 称为复数的**虚部**，b 称为**虚部系数**.

（3）复数的相等

如果两个复数的实部相等，虚部系数也相等，则称这两个复数**相等**.

（4）共轭复数

如果两个复数的实部相等，虚部系数互为相反数，则称这两个复数为**共轭复数**.

2. 复数的几种表示式

（1）复数的几何表示

在直角坐标平面内，把 x 轴叫做实轴，y 轴叫做虚轴，这样的平面称为**复平面**. 复数 $z=a+bi$ 和复平面上的点 Z 建立一一对应关系：点的横坐标为 a，纵坐标为 b，如附图 1 所示. 图中点 Z 表示复数 $z=a+bi$，这时，向量 $\overrightarrow{OZ}$ 和复数 $z=a+bi$ 相对应.

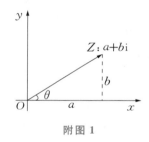

附图 1

（2）复数的三角函数式

向量 $\overrightarrow{OZ}$ 的长称为复数 $a+bi$ 的**模**（或**绝对值**），记作 $|\overrightarrow{OZ}|$ 或 $|a+bi|$，即

$$r=|a+bi|=\sqrt{a^2+b^2}.$$

$\overrightarrow{OZ}$ 与 x 轴正方向的夹角 θ，称为复数 $a+bi$ 的**辐角**，其中，适合 $0\leqslant\theta<2\pi$ 的辐角 θ 称为辐角的**主值**.

复数 $a+bi$ 的三角函数式为

$$a+bi=r(\cos\theta+i\sin\theta),$$

其中，$r=\sqrt{a^2+b^2}$，$\cos\theta=\dfrac{a}{r}$，$\sin\theta=\dfrac{b}{r}$.

（3）复数的指数表示式

$$a+bi=re^{i\theta},$$

其中，r 为复数的模，θ 为复数的辐角.

3. 复数的四则运算

(1) 代数式：

$$(a + bi) \pm (c + di) = (a \pm c) + (b \pm d)i;$$

$$(a + bi)(c + di) = (ac - bd) + (bc + ad)i;$$

$$\frac{a + bi}{c + di} = \frac{ac + bd}{c^2 + d^2} + \frac{bc - ad}{c^2 + d^2}i.$$

(2) 三角式：

设　　　　$z_1 = r_1(\cos\theta_1 + i\sin\theta_1)$，$z_2 = r_2(\cos\theta_2 + i\sin\theta_2)$，

则　　　　$z_1 \cdot z_2 = r_1 r_2[\cos(\theta_1 + \theta_2) + i\sin(\theta_1 + \theta_2)]$；

$$\frac{z_1}{z_2} = \frac{r_1}{r_2}[\cos(\theta_1 - \theta_2) + i\sin(\theta_1 - \theta_2)].$$

（六）等差数列与等比数列

等差数列与等比数列见附表 3.

附表 3　等差数列与等比数列

	等　差　数　列	等　比　数　列
定　义	从第 2 项起,每一项与它的前一项之差都等于同一个常数.	从第 2 项起,每一项与它的前一项之比都等于同一个非零常数.
一般形式	$a_1, a_1 + d, a_1 + 2d, \cdots$	$a_1, a_1 q, a_1 q^2, \cdots$
通项公式	$a_n = a_1 + (n-1)d$	$a_n = a_1 q^{n-1}$
前 n 项和公式	$S_n = \dfrac{n(a_1 + a_n)}{2}$ 或 $S_n = na_1 + \dfrac{n(n-1)}{2}d$	$S_n = \dfrac{a_1(1 - q^n)}{1 - q}$ 或 $S_n = \dfrac{a_1 - a_n q}{1 - q}$ $(q \neq 0, q \neq 1)$
中项公式	a 与 b 的等差中项 $A = \dfrac{a + b}{2}$	a 与 b 的等比中项 $G = \pm\sqrt{ab}$

注:表中 d 为公差,q 为公比.

（七）排列、组合与二项式定理

1. 排列

从 n 个不同元素中,取出 m $(m \leqslant n)$ 个元素,按照一定的顺序排成一列,称为从 n 个不同元素中取出 m 个元素的一个**排列**；当 $m = n$ 时, 称为**全排列**.

从 n 个元素中,取出 m $(m \leqslant n)$ 个元素的所有排列的个数,称为从 n 个不同元素中取出 m 个元素的**排列数**,记作 P_n^m,且有

$$P_n^m = n(n-1)(n-2) \cdot \cdots \cdot (n - m + 1),$$

特别地

$$P_n^n = n(n-1)(n-2) \cdot \cdots \cdot 3 \cdot 2 \cdot 1 = n! \quad (n\ \textbf{阶乘}),$$

或记作

$$P_n = n!,$$

因而

$$P_n^m = \frac{n!}{(n-m)!}.$$

2. 组合

从 n 个不同元素中,任取 $m\ (m \leqslant n)$ 个元素,并成一组,称为从 n 个不同元素中取出 m 个元素的一个**组合**.

从 n 个不同元素中,取出 $m\ (m \leqslant n)$ 个元素的所有组合的个数,称为从 n 个不同元素中取出 m 个元素的**组合数**,记作 C_n^m,且有

$$C_n^m = \frac{P_n^m}{P_m} = \frac{n(n-1)(n-2)\cdots(n-m+1)}{m!} = \frac{n!}{m!(n-m)!},$$

式中,n、$m \in \mathbf{N}$,且 $m \leqslant n$.

规定 $C_n^0 = 1$.

组合有如下性质:

(1) $C_n^m = C_n^{n-m}$;

(2) $C_{n+1}^m = C_n^m + C_n^{m+1}$.

3. 二项式定理

$(a+b)^n = C_n^0 a^n + C_n^1 a^{n-1}b + \cdots + C_n^r a^{n-r} b^r + \cdots + C_n^n b^n$,其中,$n$、$r \in \mathbf{N}$,$C_n^r$ 称为**二项式展开式的系数**,$r = 0,1,2,\cdots,n$.其展开式的第 $r+1$ 项

$$T_{r+1} = C_n^r a^{n-r} b^r$$

称为二项式的**通项公式**.

(八) 三角函数

1. 角的度量

(1) 角度制

圆周角的 $\frac{1}{360}$ 称为 1 度的角,记作 $1°$,用度作为度量单位.

(2) 弧度制

等于半径的圆弧所对的圆心角称为 1 弧度角,用弧度作为度量单位.

(3) 角度与弧度的换算

$$360° = 2\pi \text{ 弧度},\quad 180° = \pi \text{ 弧度},$$

$$1° = \frac{\pi}{180} \approx 0.017\,453 \text{ 弧度},$$

$$1 \text{ 弧度} = \left(\frac{180}{\pi}\right)° \approx 57°17'44.8''.$$

2. 特殊角的三角函数值

特殊角的三角函数数值见附表 4.

附表 4 特殊角的三角函数值

α	0	$\dfrac{\pi}{6}$	$\dfrac{\pi}{4}$	$\dfrac{\pi}{3}$	$\dfrac{\pi}{2}$
$\sin \alpha$	0	$\dfrac{1}{2}$	$\dfrac{\sqrt{2}}{2}$	$\dfrac{\sqrt{3}}{2}$	1
$\cos \alpha$	1	$\dfrac{\sqrt{3}}{2}$	$\dfrac{\sqrt{2}}{2}$	$\dfrac{1}{2}$	0
$\tan \alpha$	0	$\dfrac{\sqrt{3}}{3}$	1	$\sqrt{3}$	∞
$\cot \alpha$	∞	$\sqrt{3}$	1	$\dfrac{\sqrt{3}}{3}$	0

3. 同角三角函数间的关系

（1）平方关系

$$\sin^2 \alpha + \cos^2 \alpha = 1 ; \ 1 + \tan^2 \alpha = \sec^2 \alpha ; \ 1 + \cot^2 \alpha = \csc^2 \alpha .$$

（2）商的关系

$$\tan \alpha = \frac{\sin \alpha}{\cos \alpha} ; \ \cot \alpha = \frac{\cos \alpha}{\sin \alpha} .$$

（3）倒数关系

$$\cot \alpha = \frac{1}{\tan \alpha} ; \ \sec \alpha = \frac{1}{\cos \alpha} ; \ \csc \alpha = \frac{1}{\sin \alpha} .$$

4. 三角函数式的恒等变换

（1）加法定理

$$\sin(\alpha \pm \beta) = \sin \alpha \cos \beta \pm \cos \alpha \sin \beta ;$$

$$\cos(\alpha \pm \beta) = \cos \alpha \cos \beta \mp \sin \alpha \sin \beta ;$$

$$\tan(\alpha \pm \beta) = \frac{\tan \alpha \pm \tan \beta}{1 \mp \tan \alpha \tan \beta} .$$

（2）倍角公式

$$\sin 2\alpha = 2\sin \alpha \cos \alpha ;$$

$$\cos 2\alpha = \cos^2 \alpha - \sin^2 \alpha$$

$$= 1 - 2\sin^2 \alpha = 2\cos^2 \alpha - 1 ;$$

$$\tan 2\alpha = \frac{2\tan \alpha}{1 - \tan^2 \alpha} .$$

（3）降幂公式

$$\sin^2\alpha = \frac{1-\cos 2\alpha}{2};$$

$$\cos^2\alpha = \frac{1+\cos 2\alpha}{2}.$$

（4）积化和差公式

$$\sin\alpha\cos\beta = \frac{1}{2}[\sin(\alpha+\beta)+\sin(\alpha-\beta)];$$

$$\cos\alpha\sin\beta = \frac{1}{2}[\sin(\alpha+\beta)-\sin(\alpha-\beta)];$$

$$\cos\alpha\cos\beta = \frac{1}{2}[\cos(\alpha+\beta)+\cos(\alpha-\beta)];$$

$$\sin\alpha\sin\beta = -\frac{1}{2}[\cos(\alpha+\beta)-\cos(\alpha-\beta)].$$

（5）和差化积公式

$$\sin\alpha+\sin\beta = 2\sin\frac{\alpha+\beta}{2}\cos\frac{\alpha-\beta}{2};$$

$$\sin\alpha-\sin\beta = 2\cos\frac{\alpha+\beta}{2}\sin\frac{\alpha-\beta}{2};$$

$$\cos\alpha+\cos\beta = 2\cos\frac{\alpha+\beta}{2}\cos\frac{\alpha-\beta}{2};$$

$$\cos\alpha-\cos\beta = -2\sin\frac{\alpha+\beta}{2}\sin\frac{\alpha-\beta}{2}.$$

（6）万能公式

$$\sin\alpha = \frac{2\tan\frac{\alpha}{2}}{1+\tan^2\frac{\alpha}{2}};\qquad \cos\alpha = \frac{1-\tan^2\frac{\alpha}{2}}{1+\tan^2\frac{\alpha}{2}};$$

$$\tan\alpha = \frac{2\tan\frac{\alpha}{2}}{1-\tan^2\frac{\alpha}{2}}.$$

（7）正弦、余弦的诱导公式

$$\sin(-\alpha)=-\sin\alpha;\ \cos(-\alpha)=\cos\alpha;\ \sin\left(\frac{\pi}{2}-\alpha\right)=\cos\alpha;\ \cos\left(\frac{\pi}{2}-\alpha\right)=\sin\alpha;$$

$$\sin\left(\frac{\pi}{2}+\alpha\right)=\cos\alpha;\ \cos\left(\frac{\pi}{2}+\alpha\right)=-\sin\alpha;\ \sin(\pi-\alpha)=\sin\alpha;\ \cos(\pi-\alpha)=-\cos\alpha;$$

$$\sin(\pi+\alpha)=-\sin\alpha;\ \cos(\pi+\alpha)=-\cos\alpha.$$

（九）三角形的边角关系

1. 直角三角形

设△ABC中，$\angle C = 90°$，三边分别为a、b、c，面积为S，则有

(1) $\angle A + \angle B = 90°$；

(2) $a^2 + b^2 = c^2$（**勾股定理**）；

(3) $\sin A = \dfrac{a}{c}$，$\cos A = \dfrac{b}{c}$，$\tan A = \dfrac{a}{b}$；

(4) $S = \dfrac{1}{2}ab$.

2. 斜三角形

设△ABC中，$\angle A$、$\angle B$、$\angle C$的对边分别为a、b、c，面积为S，外接圆半径为R，则有

(1) $\angle A + \angle B + \angle C = 180°$；

(2) $\dfrac{a}{\sin A} = \dfrac{b}{\sin B} = \dfrac{c}{\sin C} = 2R$（**正弦定理**）；

(3) $a^2 = b^2 + c^2 - 2bc\cos A$，

$b^2 = a^2 + c^2 - 2ac\cos B$，（**余弦定理**）

$c^2 = a^2 + b^2 - 2ab\cos C$；

(4) $S = \dfrac{1}{2}ab\sin C$.

（十）平面几何计算公式

平面几何计算公式见附表5

附表 5 平面几何计算公式

名　　称	图　　形	周长公式	面积公式
长方形 （矩形）		周长 = $2(a+b)$	面积 = ab
正方形		周长 = $4a$	面积 = a^2
三角形		周长 = $a+b+c$	面积 = $\dfrac{1}{2}ah$
平行四边形		周长 = $2(a+b)$	面积 = $a \cdot h$
梯形		周长 = $a+b+c+d$	面积 = $\dfrac{1}{2}(a+b)h = l \cdot h$，$l$ 为中位线

名 称	图 形	周长公式	面积公式
菱形		周长$=4a$	面积$=\dfrac{1}{2}AC \cdot BD$
圆		周长$=2\pi r$	面积$=\pi r^2$
扇形		$l=\overset{\frown}{AB}$ 周长$=2r+l$	面积$=\dfrac{1}{2}\alpha r^2$，α 为圆心角(弧度)

（十一）旋转体的面积与体积

1. 球

表面积：$S=4\pi r^2$；

体积：$V=\dfrac{4}{3}\pi r^3$.

2. 圆柱

侧面积：$S_{侧}=2\pi rh$（h 为圆柱体的高）；

全面积：$S_{全}=2\pi r(r+h)$；

体积：$V=\pi r^2 h$.

3. 圆锥

侧面积：$S_{侧}=\pi rl$（l 为圆锥的母线的长）；

全面积：$S_{全}=\pi r(l+r)$；

体积：$V=\dfrac{1}{3}\pi r^2 h$.

（十二）点与直线

1. 平面上两点间的距离

设平面内两点的坐标为 $P_1(x_1, y_1)$ 和 $P_2(x_2, y_2)$，则这两点间的距离为

$$|P_1P_2|=\sqrt{(x_1-x_2)^2+(y_1-y_2)^2}.$$

2. 直线方程

（1）直线的斜率

倾角：平面直角坐标系内一直线的向上方向与 x 轴正方向所成的最小正角，称为这条直线的**倾角**，倾角 α 的取值范围为 $0° \leqslant \alpha \leqslant 180°$. 当直线平行于 x 轴时，规定 $\alpha=0°$，当直

线平行于 y 轴时,规定 $\alpha = 90° = \dfrac{\pi}{2}$.

斜率:一条直线的倾角的正切值,称为这条直线的**斜率**,通常用 k 表示,即

$$k = \tan \alpha.$$

如果 $P_1(x_1, y_1)$、$P_2(x_2, y_2)$ 是直线上的两点,那么,这条直线的斜率为

$$k = \frac{y_2 - y_1}{x_2 - x_1} \ (x_1 \neq x_2).$$

(2) 直线的几种表达形式

① **点斜式**:已知直线过点 $P_0(x_0, y_0)$,且斜率为 k,则该直线方程为

$$y - y_0 = k(x - x_0).$$

② **斜截式**:已知直线的斜率为 k,在 y 轴上的截距为 b,则该直线方程为

$$y = kx + b.$$

③ **一般式**:平面内任一直线的方程都是关于 x 和 y 的一次方程,其一般形式为

$$Ax + By + C = 0 \ (A、B \text{ 不全为零}).$$

④ **截距式**:如果一直线在 x 轴、y 轴上的截距分别为 a、b,则该直线方程为

$$\frac{x}{a} + \frac{y}{b} = 1.$$

⑤ **两点式**:如果直线经过 $P_1(x_1, y_1)$、$P_2(x_2, y_2)$,则该直线方程为

$$\frac{y - y_1}{x - x_1} = \frac{y_2 - y_1}{x_2 - x_1}.$$

(3) 几种特殊的直线方程

x 轴:$y = 0$;y 轴:$x = 0$;

平行于 x 轴的直线:$y = b \ (b \neq 0)$;

平行于 y 轴的直线:$x = a \ (a \neq 0)$.

3. 点到直线的距离

平面内一点 $P_0(x_0, y_0)$ 到直线 $Ax + By + C = 0$ 的距离为

$$d = \frac{|Ax_0 + By_0 + C|}{\sqrt{A^2 + B^2}}.$$

4. 两条直线的位置关系

设两条直线 l_1 与 l_2 的方程为

$$l_1: y = k_1 x + b_1 \quad 或 \quad A_1 x + B_1 y + C_1 = 0,$$

$$l_2: y = k_2 x + b_2 \quad 或 \quad A_2 x + B_2 y + C_2 = 0.$$

(1) $l_1 /\!/ l_2$ 的充要条件是:

$$k_1 = k_2 \text{ 且 } b_1 \neq b_2 \quad 或 \quad \frac{A_1}{A_2} = \frac{B_1}{B_2} \neq \frac{C_1}{C_2};$$

(2) $l_1 \perp l_2$ 的充要条件是:

$$k_1 k_2 = -1 \quad 或 \quad A_1 A_2 + B_1 B_2 = 0.$$

(十三) 二次曲线

1. 圆

平面内到一定点的距离等于定长的点的轨迹是**圆**,定点是圆心,定长是半径.

(1) 圆的标准方程:

圆心在点 $P_0(x_0, y_0)$、半径为 R 的圆的方程是

$$(x - x_0)^2 + (y - y_0)^2 = R^2.$$

特别当圆心在原点、半径为 R 的圆的方程是

$$x^2 + y^2 = R^2.$$

(2) 圆的一般方程是二元二次方程

$$x^2 + y^2 + Dx + Ey + F = 0.$$

2. 椭圆

平面内到两定点的距离之和等于定长的点的轨迹是**椭圆**,定点称为**焦点**,两焦点间的距离称为**焦距**.

椭圆的标准方程是

$$\frac{x^2}{a^2} + \frac{y^2}{b^2} = 1 \quad (a > b > 0, \text{焦点在 } x \text{ 轴上})$$

或

$$\frac{x^2}{b^2} + \frac{y^2}{a^2} = 1 \quad (a > b > 0, \text{焦点在 } y \text{ 轴上}).$$

3. 双曲线

平面内到两定点的距离之差等于定长的点的轨迹是**双曲线**,定点称为**焦点**,两焦点间的距离称为**焦距**.

双曲线的标准方程为

$$\frac{x^2}{a^2} - \frac{y^2}{b^2} = 1 \quad (a > 0, b > 0, \text{焦点在 } x \text{ 轴上})$$

或　　　　　　　　$\dfrac{y^2}{a^2}-\dfrac{x^2}{b^2}=1$　$(a>0,\ b>0,$焦点在 y 轴上$)$.

4. 抛物线

平面内到一定点和一定直线的距离相等的点的轨迹是**抛物线**,定点称为**焦点**,定直线称为**准线**.

抛物线的标准方程是

$y^2=2px$ $(p>0,$开口向右$)$,$y^2=-2px$ $(p>0,$开口向左$)$;

或　$x^2=2py$ $(p>0,$开口向上$)$,$x^2=-2py$ $(p>0,$开口向下$)$.

(十四) 参数方程

1. 参数方程的概念

在给定的坐标系中,如果曲线上的任意一点的坐标 x、y 都是一变量 t 的函数:

$$\begin{cases} x=\varphi(t), \\ y=\phi(t), \end{cases} \quad (\alpha<t<\beta)$$

并且对于每一个 t 的值 $(\alpha<t<\beta)$,由该方程所确定的点(x,y)都在曲线上,则称该方程为曲线的**参数方程**,而称变量 t 为**参数**.

消去参数方程中的参数 t,即可将参数方程化为普通方程.

2. 几种常见曲线的参数方程

(1) 经过点 $P_0(x_0,y_0)$、倾角为 α 的**直线**的参数方程为

$$\begin{cases} x=x_0+t\cos\alpha, \\ y=y_0+t\sin\alpha, \end{cases}$$

其中,t 是直线上的点 $P_0(x_0,y_0)$到点 $P(x,y)$的有向线段的长度.

(2) 圆心在点(x_0,y_0)、半径为 R 的**圆**的参数方程为

$$\begin{cases} x=x_0+R\cos t, \\ y=y_0+R\sin t. \end{cases}$$

(3) 中心在原点、长半轴为 a、短半轴为 b 的**椭圆**的参数方程为

$$\begin{cases} x=a\cos t, \\ y=b\sin t. \end{cases}$$

(4) 中心在原点、实半轴为 a、虚半轴为 b 的**双曲线**的参数方程为

$$\begin{cases} x=a\sec t, \\ y=b\tan t. \end{cases}$$

（5）中心在原点、对称轴为 x 轴(开口向右)的**抛物线**的参数方程为

$$\begin{cases} x = 2pt^2, \\ y = 2pt. \end{cases}$$

（十五）极坐标

1. 极坐标系

在平面内取一定点 O，引一条射线 Ox，再规定一个长度单位和角度的正方向(通常取逆时针方向)，这样就构成**极坐标系**(如右图).定点 O 叫做**极点**，射线 Ox 叫做**极轴**.

在建立了极坐标系的平面内，任意一点 P 都可以用线段 OP 的长度 r(称为**极径**)和以极轴 Ox 为始边、OP 为终边的角度 θ (称为**极角**)来表示.有序实数组 (r, θ) 叫做 P 点的**极坐标**，记作 $P(r, \theta)$.因此，平面内一点 P 与有序实数组 (r, θ) 建立了一一对应关系.

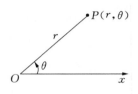

2. 极坐标与直角坐标的关系

如果把平面直角坐标系的原点作为极点，x 轴的正方向作为极轴的正方向，并且在两种坐标系中取相同的长度单位，那么，平面内任意一点的直角坐标 (x, y) 与极坐标 (r, θ) 之间有如下关系：

$$\begin{cases} x = r\cos\theta, \\ y = r\sin\theta \end{cases} \quad 或 \quad \begin{cases} r^2 = x^2 + y^2, \\ \tan\theta = \dfrac{y}{x}. \end{cases} \quad (x \neq 0)$$

3. 几种常见的圆的极坐标方程

几种常见的圆的极坐标方程见附表 6.

附表 6　几种常见的圆的极坐标方程

直角坐标方程	$x^2 + y^2 = a^2$	$(x-a)^2 + y^2 = a^2$	$x^2 + (y-a)^2 = a^2$
极坐标方程	$r = a \ (a > 0)$	$r = 2a\cos\theta \ (a > 0)$	$r = 2a\sin\theta \ (a > 0)$
图　形			

（十六）常用的基本初等函数的图像和性质见附表 7.

附表 7　常用的基本初等函数的图像和性质

函　数	定义域与值域	图　　像	特　　性
$y = x$	$x \in (-\infty, +\infty)$ $y \in (-\infty, +\infty)$	 $y = x$ $(1,1)$ O	奇函数 单调增加
$y = x^2$	$x \in (-\infty, +\infty)$ $y \in [0, +\infty)$	$y = x^2$ $(1,1)$ O	偶函数 在$(-\infty, 0)$内单调减少 在$(0, +\infty)$内单调增加
$y = x^3$	$x \in (-\infty, +\infty)$ $y \in (-\infty, +\infty)$	$y = x^3$ $(1,1)$ O	奇函数 单调增加
$y = \dfrac{1}{x}$	$x \in (-\infty, 0)$ $\bigcup (0, +\infty)$ $y \in (-\infty, 0)$ $\bigcup (0, +\infty)$	$y = \dfrac{1}{x}$ $(1,1)$ O	奇函数 在$(-\infty, 0)$内单调减少 在$(0, +\infty)$内单调减少
$y = x^{\frac{1}{2}}$	$x \in [0, +\infty)$ $y \in [0, +\infty)$	$y = x^{\frac{1}{2}}$ $(1,1)$ O	单调增加
$y = a^x$ $(a > 1)$	$x \in (-\infty, +\infty)$ $y \in (0, +\infty)$	$y = a^x (a > 1)$ $(0,1)$ O	单调增加

函　数	定义域与值域	图　像	特　性
$y = a^x$ $(0 < a < 1)$	$x \in (-\infty, +\infty)$ $y \in (0, +\infty)$		单调减少
$y = \log_a x$ $(a > 1)$	$x \in (0, +\infty)$ $y \in (-\infty, +\infty)$		单调增加
$y = \log_a x$ $(0 < a < 1)$	$x \in (0, +\infty)$ $y \in (-\infty, +\infty)$		单调减少
$y = \sin x$	$x \in (-\infty, +\infty)$ $y \in [-1, 1]$		奇函数 周期为 2π 有界
$y = \cos x$	$x \in (-\infty, +\infty)$ $y \in [-1, 1]$		偶函数 周期为 2π 有界
$y = \tan x$	$x \neq k\pi + \dfrac{\pi}{2} (k \in \mathbf{Z})$ $y \in (-\infty, +\infty)$		奇函数 周期为 π 无界

函　数	定义域与值域	图　像	特　性
$y = \cot x$	$x \neq k\pi (k \in \mathbf{Z})$ $y \in (-\infty, +\infty)$	奇函数 周期为 π 无界
$y = \arcsin x$	$x \in [-1, 1]$ $y \in \left[-\dfrac{\pi}{2}, \dfrac{\pi}{2}\right]$	奇函数 单调增加 有界
$y = \arccos x$	$x \in [-1, 1]$ $y \in [0, \pi]$	单调减少 有界
$y = \arctan x$	$x \in (-\infty, +\infty)$ $y \in \left(-\dfrac{\pi}{2}, \dfrac{\pi}{2}\right)$	奇函数 单调增加 有界 $y = \pm\dfrac{\pi}{2}$ 为两条 水平渐近线
$y = \operatorname{arccot} x$	$x \in (-\infty, +\infty)$ $y \in (0, \pi)$	单调减少 有界 $y = 0, y = \pi$ 为两条 水平渐近线

参 考 文 献

[1] 顾静相.经济数学基础[M].北京:高等教育出版社,2000.

[2] 侯风波.经济数学基础[M].北京:科学出版社,2005.

[3] 盛祥耀.高等数学[M].北京:高等教育出版社,2003.

[4] 王春珊,杨仁付.经济应用数学[M].北京:中国商业出版社,2009.

郑重声明

高等教育出版社依法对本书享有专有出版权。任何未经许可的复制、销售行为均违反《中华人民共和国著作权法》，其行为人将承担相应的民事责任和行政责任；构成犯罪的，将被依法追究刑事责任。为了维护市场秩序，保护读者的合法权益，避免读者误用盗版书造成不良后果，我社将配合行政执法部门和司法机关对违法犯罪的单位和个人进行严厉打击。社会各界人士如发现上述侵权行为，希望及时举报，本社将奖励举报有功人员。

反盗版举报电话　（010）58581999　58582371　58582488
反盗版举报传真　（010）82086060
反盗版举报邮箱　dd@hep.com.cn
通信地址　北京市西城区德外大街 4 号　高等教育出版社法律事务与版权管理部
邮政编码　100120